氢燃料电池发电系统控制技术与实现

李 奇 陈维荣 韩 莹 著

科学出版社

北 京

内 容 简 介

本书围绕氢燃料电池发电系统控制相关理论，系统地介绍了空冷型和水冷型燃料电池发电系统的工作原理和运行特性，并分别探讨了适用于空冷型燃料电池发电系统和水冷型燃料电池发电系统的优化控制技术，为实现氢燃料电池发电系统高效稳定运行和大规模商业化应用奠定了理论基础。全书共7章，主要内容包括空冷型燃料电池发电系统测控实验平台设计方法、适用于空冷型燃料电池发电系统的经典控制方法、空冷型燃料电池发电最大净功率优化控制方法、水冷型燃料电池发电系统建模及硬件在环半实物平台设计方法、水冷型燃料电池发电系统最优过氧比优化控制方法、水冷型燃料电池发电系统过氧比估计方法和基于观测器的系统净功率优化控制方法。

本书可供电气工程及其自动化专业高年级本科生和电气工程学科研究生阅读使用，同时可供从事电气工程、能源动力、材料以及控制多学科交叉领域科学研究、工程设计、装备制造和运营管理的工程技术人员参考。

图书在版编目(CIP)数据

氢燃料电池发电系统控制技术与实现 / 李奇，陈维荣，韩莹著. —北京：科学出版社，2024.3
ISBN 978-7-03-077927-4

Ⅰ. ①氢… Ⅱ. ①李… ②陈… ③韩… Ⅲ. ①氢能-燃料电池-研究 Ⅳ. ①TM911.42

中国国家版本馆 CIP 数据核字（2024）第 003222 号

责任编辑：华宗琪 / 责任校对：高辰雷
责任印制：罗 科 / 封面设计：义和文创

科 学 出 版 社 出版

北京东黄城根北街16号
邮政编码：100717
http://www.sciencep.com

四川煤田地质制图印务有限责任公司 印刷
科学出版社发行 各地新华书店经销

*

2024 年 3 月第 一 版 开本：B5（720×1000）
2024 年 3 月第一次印刷 印张：10
字数：202 000

定价：99.00 元
（如有印装质量问题，我社负责调换）

前　言

　　能源是衡量一个国家综合实力以及人民生活水平的重要指标。随着世界经济的飞速发展，人们对能源的需求日益增大，然而人们所面临的能源紧缺、环境污染和气候变化等问题愈发严峻，以化石能源为主体的传统能源结构将会遇到巨大的挑战，新型的清洁可再生能源的开发和利用势在必行。

　　氢能具有绿色、高效、可持续的优点，被视为 21 世纪最具发展潜力的清洁能源。因此，发展氢能是我国实现绿色低碳发展的有效途径之一。发展氢能能够横跨电力、供热和燃料三个领域，促使能源供应端融合，提高可再生能源使用效率。

　　作为高效、环境友好的发电装置，氢燃料电池发电系统通过氢气和氧气发生电化学反应将化学能直接转化为电能，是氢能利用的有效手段。作为 21 世纪对人类社会产生重大影响的高新科技之一，近年来氢能技术已成为世界各国能源绿色发展的关键技术，也是新能源研究领域的热点和重点之一。其中，质子交换膜燃料电池具有高效、安全、清洁、功率密度高等突出优点，在电力、通信、航天及交通等领域具有广阔的应用前景。

　　为保证氢燃料电池发电系统正常运行，需要配置空气供给系统、氢气供应系统、冷却循环系统、散热风机系统等必要的辅机子系统，进而在不同的外部环境条件下，通过辅机子系统间的协同工作，实现氢燃料电池发电系统通过内部电化学反应对外发电。氢燃料电池发电系统工作过程与外部环境存在密切的能量交互，是一个典型的多物理场(电、热、磁)、多相耦合(气、液)、多时间尺度(毫秒、秒、分)的复杂非线性系统，其动态特性涉及流体力学、热力学及电化学等众多学科，所以，氢燃料电池发电系统面临稳定、高效运行难题。因此，为实现系统高性能输出，必须通过对其运行特性进行深入研究，提出适用于氢燃料电池发电系统的先进控制方法。

　　近年来，氢燃料电池发电系统根据其冷却方式的不同，发展为空冷型和水冷型两个重要分支。其中，空冷型燃料电池发电系统将空冷技术与自增湿技术相结合，摆脱了复杂的电堆水循环系统，其多采用阴极开放式结构，系统温度控制和空气供应仅通过调节散热风扇实现，具有系统构成简单、成本较低以及便于系统集成等优点。但阴极开放式结构也导致其空气供给系统与热管理系统存在强耦合问题，加剧了系统控制复杂度。水冷型燃料电池发电系统主要用于大功率应用场景，其多采用阴极封闭式结构，由空气压缩机(空压机)将大气中的空气经过压缩、

i

过滤、增湿等处理后送入输气管道，经电堆的空气入口进入电堆阴极参与电化学反应。同时由于系统功率等级较高，通常采用独立水冷散热回路，并配置氢气供应系统和增湿系统等辅机子系统。所以水冷型燃料发电系统的结构更为复杂，其控制难度也更大。因此，为实现对氢燃料电池发电系统的高效控制，开展空冷型燃料电池发电系统和水冷型燃料电池发电系统工作特性分析、动态建模、系统集成设计以及优化控制方法的研究，具有重要的学术意义和实用价值。

本书是作者所在团队长期从事氢燃料电池发电系统控制技术研究所取得的成果，并兼顾本领域的一些技术进展总结。全书围绕氢燃料电池发电系统控制技术展开，共分为 7 章：第 1 章简要介绍氢燃料电池发电系统控制技术发展现状；第 2 章主要介绍空冷型燃料电池发电系统测控实验平台设计方法；第 3 章详细介绍适用于空冷型燃料电池发电系统的经典控制方法；第 4 章详细介绍空冷型燃料电池发电最大净功率优化控制方法；第 5 章介绍水冷型燃料电池发电系统建模及硬件在环半实物平台设计方法；第 6 章详细介绍水冷型燃料电池发电系统最优过氧比优化控制方法；第 7 章详细讨论水冷型燃料电池发电系统过氧比估计方法和基于观测器的系统净功率优化控制方法。

本书第 1、4、6 章由李奇撰写，第 2、5 章由韩莹撰写，第 3、7 章由陈维荣撰写，全书由李奇统稿。在本书写作过程中，得到了西南交通大学电气工程学院王天宏助理教授和尹良震助理教授、中车青岛四方机车车辆股份有限公司李艳昆高级工程师的大力支持，研究生邱宜斌、孟翔、蒲雨辰、李响、解淑祺、刘璐、杨文钰、冯嘉、李朔、杨文、谭逸、苏天乐也为本书的完成做出了贡献。在此，为他们的辛勤劳动表示衷心的感谢。同时，特别感谢钱清泉院士对本书相关研究工作的指导和支持。

本书的研究工作得到了国家重点研发计划子课题(2023YFB4301604-07)、国家铁路集团科研计划"揭榜挂帅"重点项目(N2022J016-B03)、国家自然科学基金(52377123，51977181，52077180，52007157)，四川省自然科学基金(2022NSFSC0027，2022NSFSC0269)，霍英东教育基金会高等院校青年教师基金(171104)，河北省自然科学基金(E2023105018，E2023105022)，以及西南交通大学研究生教材(专著)经费建设项目专项(SWJTU-GHJC2022-003)支持，在此致谢。

由于作者水平有限，书中可能存在某些疏漏或不足，敬请读者和使用单位批评指正。

作 者

2023 年 10 月于成都

目　　录

第1章 绪 论

为应对环境污染、能源短缺问题，实现绿色低碳发展目标，高效、清洁的新型能源开发和利用广受关注。燃料电池技术作为一种先进的清洁能源技术，前景广阔。其中，氢燃料电池以其低运行温度、高功率密度、快速的启动特性以及较高的发电效率成功应用于交通运输、便携式电源、分布式电站等军民领域。本章详细阐释氢燃料电池发电系统控制技术发展现状。

1.1 概 述

随着全球能源格局的深刻改变，科技的突飞猛进带来的环境污染问题以及国家迅速发展所处在的能源高耗时期，传统的能源需求中心逐渐由一次化石能源向新兴市场转移，为了把握产业发展趋势和机遇，抢占新一轮制高点，许多国际油气公司逐渐调整发展战略，加大对新能源和可再生能源大规模开发技术的研究及投入，期望以此提高各自的市场竞争力，以求实现向综合性能源公司的转变。2016年正式生效的《巴黎协定》也推动各国加快向低碳型能源转型的速度，其约束目标也促使各缔约方应对全球气候变化采取相应的行动[1]。目前，我国能源转型面临着需求缓慢、传统产能过剩、环境问题突出、整体效率较低等问题。基于此，习近平总书记提出了能源革命发展理念，明确国家能源安全新战备，要求建设清洁低碳、安全高效的现代能源体系。

清洁能源的资源在自然界中无处不在，如取之不尽的太阳能和风能等，然而要想高效地利用并控制这些能源并非易事。太阳能因其清洁环保，能源源不断地从自然获取而得以广泛使用，然而由于所获取的太阳辐射具有分散性所导致的能量密度较低，同时受到昼夜、季节变化以及经纬海拔等影响，所造成的辐射照度不稳定性使太阳能利用效率偏低，加上投资和维护费用高，其经济性偏低。风能也因其清洁可再生的优点被人们用以产生电力，但由于风速的不可控性所导致的能量不稳定性，以及风力发电机的装机受离地高度限制严重，无法高效地利用风能。在绿色低碳发展趋势下，从经济性、效率、生态环境及应用范围的角度考虑，氢能成为全球最具发展潜力的清洁能源。关于如何发展利用氢能，2021年全国两会审议《中华人民共和国国民经济和社会发展第十四个五年规划和 2035 年远景目标纲要》即"十四五"规划，提出要在氢能与储能等前沿科技和产业变革领域，谋划布局一批未来产业。目前，国内科研团队与专家学者逐步展开了一系列深入研究。

氢作为清洁高效的能量载体，具有很高的热值、利用形式多样、储运便捷且清洁环保，在交通、工业、建筑、军事等领域均具有重要应用，世界主要发达国家和国际组织已经把氢能作为重要发展能源，日本早在 2014 年就制定了"第四次能源基本计划"，明确提出加速建设和发展"氢能社会"的战略方向，并于同年丰田公司推出世界第一款氢燃料电池车 Mirai[2]。美国能源部于 2015 年底就肯定了氢能市场将具有巨大发展潜力，并决定大力投资发展氢能技术与燃料电池的相关研究，先后于多个州启动"氢能网络"建设。欧盟于 2016 年发布了《可再生能源指令》及相关一系列政策文件，均肯定了氢能在能源系统中的重要地位，并计划到 2020 年时氢能与燃料电池可以在固定式能源供应和道路交通领域得到普及[2,3]。

2017 年，日本政府又发布"氢能源基本战略"，确定了 2050 年氢能社会建设的目标以及到 2030 年的具体行动计划。我国早在 20 世纪 50 年代就开始燃料电池方面的研究，"十二五"期间在科技部的支持下，我国在可再生能源制氢、固态储氢、高压储氢、输氢和加氢、先进燃料电池等氢能燃料电池关键技术方面进行了全面布局，取得了系列研究成果。近些年紧密出台的《节能与新能源汽车产业发展规划(2012—2020 年)》、《中国制造 2025》、《能源技术革命创新行动计划(2016—2030 年)》、《国家创新驱动发展战略纲要》、《"十三五"国家战略性新兴产业发展规划》以及《汽车产业中长期发展规划》等文件，均明确提及要重点研发氢能与燃料电池技术，表现出中央政府对该新型能源技术的大力支持[3,4]。2020 年 12 月，氢能被写入国务院新闻办公室发布的《新时代的中国能源发展》白皮书，"十四五"规划也明确我国将积极布局氢能产业，并部署了一批氢能重点专项任务。

现如今氢燃料电池已经广泛应用于各个领域，目前氢燃料电池的应用种类较多，氢燃料电池作为直接利用氢能的一类发电装置，不受卡诺循环限制，其高效清洁的特点受到广泛关注并逐渐成为很有发展前途的能源动力装置[5-7]。氢燃料电池由阳极、质子交换膜和阴极组成，氢气在阳极发生氧化反应，得到的氢离子通过质子交换膜传输到阴极的同时与经由外电路才得以传输到阴极的电子以及空气中的氧气发生氧化还原反应生成水，所得水又可经电解再次得到反应所需氢气，而经由外电路传输的电子相当于直流电源，整个发电过程清洁无污染且可循环利用。氢燃料电池所具备的冷启动时间短和动态响应灵敏的特性使其被公认为电动汽车、机车及船舶等交通工具的首选能源，同时氢燃料电池具有高比功率、高稳定性、操作方便等优点，可用作备用电源和小型便携式电源等。

在国外，分布式发电领域的主要研究和示范工作集中在氢燃料电池热电联供和氢储能方面。欧洲、美国和日本等国家或地区在这一领域起步较早，他们根据既定的氢能发展战略推动氢燃料电池技术的研究与应用。自 2009 年开始，ENE-FARM 氢燃料电池热电联供项目是目前最成功的氢燃料电池商业化项目，它基于质子交换膜燃料电池(proton exchange membrane fuel cell, PEMFC)集成技术实现家用热电联供,发电效率高于传统内燃机技术,热电联产综合效率可达 80%~90%[1]。截至 2019 年 4 月，日本家庭热电联产装置数量已超过 30 万台，计划在 2030 年达到 530 万台；欧洲燃料电池和氢能联合组织(FCH-JU)在 2012~2017 年实施了 Ene-field 示范项目，共投入 5200 万欧元，11 个国家支持了 1046 套 300~500W 微型燃料电池热电联供装置的推广。2017 年，FCH-JU 又启动了新一期 5 年计划，名为"PACE 项目"，预算 9000 万欧元，并计划在 11 个国家推广 2800 套装置[8,9]。

氢储能方面，德国在 2011 年启动了电转氢(PTG)项目，并致力于展示氢储能技术的潜力。该项目采用氢气和沼气混合燃料发电，并通过联合生产气体、热能和电力的方式，将风力发电平稳地注入电网，并为附近的电厂区域提供供暖服务[10]。另外，德国于 2013 年成功建成了第一个商业化的风电制氢多能互补项目——H_2-herten。该项目每年可产生约 6500kg 的氢气和 250MW·h 的电力。其中，部分氢气通过燃料电池为附近的办公建筑提供所需的电力。自 2013 年 5 月 29 日开始运行以来[11]，该项目一直运行良好。法国在 2012 年启动的以并网为目的的可再生氢任务(MYRTE)项目将光伏发电与氢储能相结合，通过 56kW 的电解水装置和 100kW 的 PEMFC 系统的配合，该项目实现了光伏电站电力输出的平均化，并通过废热回收利用，使综合效率达到 80%[12]。另外，eBay 的数据中心从 2013 年开始采用布鲁姆能源公司(Bloom Energy)的燃料电池作为主要供电设备。截至 2020 年上半年，该公司在全球范围内部署并运行了近 500MW 的发电系统，过去 10 年的发电量超过 160 亿 kW·h。这些发电系统服务的主流数据中心企业包括苹果、谷歌、易贝(eBay)、Equinix、Adobe 和英特尔等[13]。

在国内，2014 年国家电网智能电网研究院和中国节能环保集团有限公司启动了两个项目：一个是"氢储能关键技术及其在新能源接入中的应用研究"，另一个是"风电直接制氢及氢燃料电池发电系统技术研究与示范"[14]。这两个项目于 2018 年 8 月完成验收，并在中节能风力发电(张北)有限公司展开了示范研究工作，旨在将 100kW 风电制氢和 30kW 氢燃料电池发电系统进行集成。这些研究项目集中攻克了电能和氢能之间的高效转化、低成本大规模储存和综合高效利用等关键技术难题[14,15]，以应对当前严峻的"弃风"和"弃光"问题。其目标是为全球能源互联网建设提供技术支持，构建具备高配置能力、高安全可靠性和绿色低碳特性的能源系统。在这些项目中，成功研发了宽功率波动高效电解制氢设备、长寿命高环境适应性的分布式发电燃料电池系统，以及集成压缩和储氢功能的紧凑型全自动高密度氢气储供系统。通过这些技术成果，实现了基于风电耦合制/储氢燃料电池发电的柔性微网系统的建设。总体而言，随着燃料电池发电系统集成技术的不断发展，基于燃料电池的分布式发电示范研究在国内外政府和企业中引起了广泛关注。然而，这些示范研究的进一步提升仍依赖于氢燃料电池材料和工艺的不断改进，以提升氢燃料电池发电系统的性能和使用寿命。此外，多能联合系统的示范应用对氢燃料电池分布式发电系统的可行性和有效性进行了论证，着重研究了氢燃料电池发电系统与其他能源系统之间的协调运行调度，以实现系统能效的提升。目前，国内通过综合利用多种能源手段，致力于提升能源系统的效率。

在交通领域，氢燃料电池技术以其清洁、高效的突出优点，成为电动汽车和轨道交通应用的理想动力源。近年来，随着现代、丰田、奔驰等车企相继推出量产氢燃料电池混合动力汽车[16]，截至 2021 年底，全球燃料电池汽车总销量超过 1.7 万辆。我国共推出了 78 款燃料电池车型，销量超过 6000 辆，其中城市客车等车型已投入量产和运营。在 2022 北京冬奥会期间，运行氢燃料电池汽车1000 余辆，是世界最大规模的一次氢燃料电池汽车集中示范应用，远超 2008 年北京奥运会时 20 辆氢燃料电池汽车的应用体量。据相关学会预计，2025 年我国氢燃料电池汽车保有量将达到 10 万辆左右。这些数据表明，燃料电池汽车已经成为汽车行业未来的主要发展趋势之一，其已成为各大科研机构及整车厂的研发热点和竞争赛道[17,18]。

在家用氢动力汽车方面，2017 年，德国奔驰(Mercedes-Benz)公司推出 GLC F-CELL 型号插电式 SUV(运动型多用途汽车)；2018 年，日本本田推出 CLARITY FUEL CELL 型号，相比前代的产品，整体电池堆体积减小了 33%，燃料电池输出总功率到达 103kW。2020 年，日本丰田推出第二代 Mirai，峰值功率为 128kW，相比上一代产品有较大的进步；2019 年，韩国现代推出第二代 NEXO，该车配备的燃料电池包含 440 节单电池，输出功率达到 135kW，相比上一代产品 iX-35，这一代产品的轻量化设计十分成功。我国市面上的燃料电池车主要包括中大型客车、重型卡车、牵引车等商用车，近年来随着技术的突破开始不断推出氢燃料家用汽车，除了荣威 950 Full Cell，长安汽车也于 2022 年 5 月发布了"深蓝"系列氢燃料电池版。在货运汽车方面，2021 年，北汽福田推出一款名为"智蓝"的燃料电池重卡，该重卡采用了最为先进的液氢储存技术，储氢技术的进步大大提升了燃料电池车的续航里程。2022 年，中国重汽推出一款名为"黄河"的燃料电池重卡，该车搭载了潍柴动力最新研发的 WEF160 燃料电池发动机，功率达到了160kW，同时该车配备了额定功率 240kW 的电机和 123kW·h 的动力电池包[19]。

氢燃料电池技术在交通领域的推广应用拉开序幕。随着城市拥堵和城市污染问题的日益加剧，国内外对氢燃料电池技术在城市公共交通中的应用也进行了探索和示范研究。

就国外而言，欧洲和北美分别于 2001 年和 2002 年开始实施氢燃料电池公共汽车的示范运营,旨在验证氢燃料电池技术在交通领域的可行性和稳定性[20]。东日本铁路公司在 2006 年开发了 NE Train,这是世界上首列采用氢燃料电池的有轨电车,通过整合两套 65kW 的氢燃料电池发电系统和 19kW·h 的锂电池混合动力系统,取代了传统的内燃发动机[21,22]。此外,西班牙窄轨铁路公司在 2011 年完成了 FC Tram H2 项目,成功改造了世界上首列采用氢燃料电池、锂电池和超级电容混合动力的有轨电车[23]。

我国从 2002 年开始,开展了在交通领域应用氢燃料电池发电系统集成的研究示范[24,25]。清华大学和同济大学分别依托科技部的"十五"氢能项目重大专项研究课题和 863 电动汽车重大专项,与中国科学院大连化学物理研究所等科研院所合作,进行了适用于氢燃料电池公共汽车的系统集成应用研究,并在上海世博会期间进行了运行示范。2017 年,厦门金龙推出 XMO6127AGFCEV 公交车,配备的 68.5kW 燃料电池发动机采用了多能源耦合能量分配控制的先进技术。2018 年,宇通客车推出了 F10 燃料电池客车,该车可搭载不同的燃料电池发动机,有 63kW、65kW、80kW 三种型号可选,同时配备 240kW 的电机和 105.27kW·h 的动力电池。2019 年 11 月,中国佛山市高明区正式启动全球首条氢燃料电池轻轨的商业化运行,该轻轨车由中国中车集团有限公司制造,最大可载客 360 人,最高运行速度为 70km/h,每列车顶部安装 6 个储气瓶,续航能力达 100km[26]。

美国 Plug Power 公司长期深耕氢燃料电池叉车领域,氢燃料电池叉车已大量应用在仓储运输中,累计产销量已超过 2.5 万辆。中国叉车领域电动化正在快速进行,目前天津港、上海青浦区工业园等地也已启动氢燃料电池叉车的应用示范,未来叉车领域将成为国内氢燃料电池应用的一片新蓝海。此外,2019 年,青岛港率先投用了全球第一架氢动力轨道吊车,为氢能港口和工业机械应用领域做出了新探索。

2019 年 9 月,美国金门零排放海洋公司(GGZEM)的美国首艘氢燃料电池客船 Water-Go-Round 号试运行;2021 年美国首艘氢燃料电池船 Sea Change 号开始在加利福尼亚州旧金山湾投入运营;欧盟资助的"旗舰计划"(FLAGSHIPS)于 2019 年 1 月启动,支持法国船舶运营商 CFT 在隆河谷运营一艘气态氢燃料顶推船,并支持挪威 Norled 公司开发了一艘车客渡船。中国内河湖泊的水上航运减碳压力很大,对船用氢燃料电池应用需求迫切,该领域市场空间巨大。近日,氢燃料电池游船"仙湖 1 号"在广东佛山下水运行。由武汉长江船舶设计院有限公司、中国船舶重工集团公司第七一二研究所联合研发设计的氢燃料电池动力船通过方案设计审查,意味着国内燃料电池船舶技术管理和实践或将进入新阶段[27-30]。

西南交通大学在 2008 年开始进行氢燃料电池电动机车的初步研究[21],在 2013 年完成了国内首辆氢燃料电池电动机车"蓝天号"的研制[31],并在国家科技支撑计划项目支持下,与中车唐山机车车辆有限公司合作,于 2016 年成功研制了世界首列 100%低地板氢燃料电池混合动力有轨电车[32,33]。根据初步统计,全球目前有

60 多个国家和 240 多个城市正在积极推进现代有轨电车项目。国内的上海、广州、天津、南京、江苏等 30 多个城市已经制定了 50 多条现代有轨电车线路的规划[34]。可以预见，基于氢燃料电池发电系统的现代氢燃料电池有轨电车技术代表了绿色低碳轨道交通行业的技术进步，并具有巨大的发展潜力。

　　氢燃料电池作为非线性动态系统，具有多物理场、多相、多时间尺度的强耦合性，其工作原理涉及流体动力学、热力学和电化学等多个领域，其输出性能及系统寿命与系统的多个操作参数紧密联系[16,35-38]。对于氢燃料电池发电系统，外部负载突变会引起电堆内部的电化学反应速率和产热随之改变。当发电系统工作温度过低时，膜电极催化剂未得到充分活化，同时温度过低不利于水分的蒸发，电化学反应生成的水分在阳极堆积，电堆阳极易形成水淹现象，使得电堆输出性能下降，并增加了发电系统的辅机功耗。当发电系统温度过高时，易造成阴极催化层膜干，电导率下降，严重时会导致膜电极损坏，对发电系统的输出性能和使用寿命造成不可逆转的影响，影响发电系统的安全稳定运行[21,23,32,33,39]。

　　同时，外部负载突变也会引起电堆内部气体反应速率的变化。与阳极氢气流量相比，阴极氧气流量具有相对缓慢的动态特性，若阴极氧气流量过低，则会使电堆供氧不足，降低系统的输出功率，即产生氧匮乏现象[10,12,14,40,41]，会使质子交换膜表面出现"热点"，导致电堆短路和降低电堆使用寿命等问题；当氧气流量超过一定限度后，会使辅机功耗加大，降低系统的净输出功率。同时氢燃料电池发电系统在运行过程中，系统运行参数之间存在强耦合性[15,20,22]。电堆工作温度的改变会引起电堆内部电化学反应速率的变化，进而引起电堆内部反应气体消耗速率的变化，即电堆工作温度和气体流量等系统运行参数之间存在强耦合性。

1.2　氢燃料电池发电系统控制技术发展现状

1.2.1　操作参数对氢燃料电池输出特性的影响

　　氢燃料电池的输出特性受到环境温度、相对湿度、电堆工作温度、反应气体压力、空气流量以及尾气排放周期等众多操作参数的影响。操作参数对氢燃料电池输出性能的影响与电堆具体的电极结构有关，对其展开的研究以实验为主。国内外学者就众多操作参数对氢燃料电池的输出性能进行了理论及实验研究，并在此基础上取得了相关的研究成果。

　　目前，Nafion 膜已经被广泛应用于组装 PEMFC。王文东等[42]以 Nafion®112 PEMFC 为实验研究对象，在不同温度、压力和相对湿度等条件下进行实验，根据实测的电堆输出的电流-电压曲线、电流-功率曲线，研究了不同工作条件对电堆输出性能的影响。得出的结论是：电堆在反应温度为 72℃、H$_2$ 和 O$_2$ 压力分别为 0.2MPa、进气湿度饱和时，最大输出功率可达 0.7W/cm^2；同时分析了电堆的功率密度和能量转换效率之间的关系，为提高整个电堆的发电效率提供了指导性意见。

氢燃料电池在运行时，有 40%~60% 的能量将以废热的形式排出，这部分排出的废热用于维持电堆工作温度恒定。从电化学热力学角度分析，燃料电池工作温度的升高会导致输出电压的下降；但是从电化学动力学角度分析，工作温度的提高会加速电化学氧化，降低化学极化。同时工作温度升高能增加质子交换膜的电导，减少质子交换膜的欧姆极化[7]。但是哪个作用占主导需要进行具体的实验研究。Li 等[43]、卫东等[44,45]、王斌锐等[25]通过实验证明电堆在实际运行过程中存在最佳温度特性。实验现象是：在电堆工作温度较低时，电堆的输出电压随着温度的升高而升高，但是存在一个极值点即最佳温度点，当工作温度达到极值点后继续升高温度，电堆的输出电压会随着工作温度的上升而急剧下降。在恒定电流情况下，当电堆工作在最佳工作温度点时，电堆对应的输出工作电压最高，即电堆输出功率最大。

在氢燃料电池发展初期，为确保氢燃料电池输出性能，反应气体必须进行预增湿。相关研究表明：提高反应气体的相对湿度可以降低质子交换膜的膜电阻，有利于提高电堆的工作电流密度从而增强电堆的输出性能。谢晋等[46]从理论分析上阐述了气体湿度对电堆输出性能的影响，在此基础上进行了实验验证，得出的结论是：气体在通入电堆进行反应时必须进行加湿，当相对湿度为 100% 时，对于提高电堆的输出性能和整个发电系统的稳定性有着显著意义。气体增湿的方法虽然已得到成功的应用，但是会增加控制系统的复杂程度以及系统的辅机损耗。现在人们正在发展各种自增湿技术，主要是利用电堆反应生成的水在质子交换膜内的传递特性实现膜的自增湿，确保电堆的高效工作。

提高反应气体的压力，从热力学角度考虑，可以增加电堆的可逆电动势，改善电堆的输出性能，同时从动力学角度进行分析，反应气体压力的增加，可以增大催化层内氢氧燃料的浓度，有利于促进电极反应。从整个电源系统考虑，反应气体压力的增加也会增加系统的功耗。因此，气体压力也是影响整个控制系统输出性能的关键性因素。胡里清等[47]针对一个 40kW 的 PEMFC 动力系统进行实验，探究空气与氢气压力对该动力系统输出功率的影响，通过实验得到：①无论在低电流还是高电流下，增大气体压力都可以提高电堆的输出性能；②燃料电池动力系统在低压运行时具有较高的氢燃料效率，而在高压运行时具有较低的氢燃料效率。

氢燃料电池工作温度大多低于 100℃，氢氧燃料氧化还原反应生成的水主要以气态水和液态水的形式排出。定期将随着化学反应积攒的液态水排出电堆以防止阳极水淹，对提高电堆的输出性能有着显著作用。卫东等[45]针对 100W 的空冷自增湿型 PEMFC，在温度控制基础上根据温湿度特性实验结论，在低电流、中电流和高电流三个输出段有：在低电流输出段，采用线性插值的方法获得最佳尾气排放周期；在中电流输出段，采用聚类的方法获得最佳尾气排放周期；在高电流输出段，采用恒定值法获得最佳尾气排放周期。

1.2.2　空冷型燃料电池发电系统控制技术

空冷型燃料电池控制方法的优劣直接影响控制系统的性能好坏，进而影响氢燃料电池的输出性能。国内外学者致力于寻找一种切实可行、简单可靠、高效稳定的控制方法，使之能够控制空冷型燃料电池工作在理想状态。目前，针对空冷型燃料电池的控制方法包括系统工作温度控制、系统输出电压控制、系统功率优化控制。

1. 系统工作温度控制

王斌锐等[25]运用模糊比例-积分-微分（proportional integral derivative，PID）控制作为温度控制器，控制氢燃料电池发电系统运行在最佳工作温度。Methekar等[24]基于分布参数模型设计了一种线性比例控制策略，通过控制氢燃料电池发电系统的工作温度控制其输出功率，证明了该策略比传统多输入多输出控制策略有更快的响应速度和更小的温度波动。Kim 等[31]建立系统温湿度模型，经由仿真得到氢燃料电池特性曲线，通过曲线拟合得到控制模型，设计双闭环 PID控制系统并进行实验验证了控制器的稳定性。尹良震等[48]使用最小二乘在线辨识算法对氢燃料电池温度模型进行建模和在线模型校正，提出了一种在线调整逆控制器，该控制器通过使用最小均方算法调整控制参数，实现空冷型燃料电池发电系统的实时最优温度自适应逆控制。

2. 系统输出电压控制

董超等[34]提出一种基于自抗扰控制的氢燃料电池发电系统控制优化方法，实现了氢燃料电池输出电压在负载电流发生突变时的响应及稳定输出控制。杨旭等[49]基于仿真实验分析了电堆输出电压性能的影响因素：氢燃料电池工作温度与电堆反应气体氢气、氧气的压力。张庚等[50]提出一种自适应模糊神经 PID控制算法，设计了一种双模控制器，并采用自适应模糊神经 PID 控制算法设计了氢燃料电池输出电压模糊 PID 控制系统：根据梯形函数调整期望输出电压，通过控制电堆阳极气体的流速实现氢燃料电池发电系统输出电压的稳定。刘璐等[51]提出了一种基于偏格式动态线性化的无模型自适应预测控制方法，通过将偏格式动态线性化，将非线性、强耦合的空冷型燃料电池发电系统辨识为动态线性化的数据模型，实现了电堆的性能优化。

3. 系统功率优化控制

Zhong 等[52]运用极值搜索算法控制氢燃料电池发电系统运行在最大功率点，通过仿真得到各种不同条件下的运行情况，证明了算法的优越性。刘璐[53]基于在线辨识模型提出了一种自适应模糊 PID 控制方法实现最优控制。

1.2.3　水冷型燃料电池发电系统控制技术

目前，针对水冷型燃料电池发电系统的空气侧过氧比控制方法的研究发展较为成熟，针对水冷型燃料电池发电系统的控制方法包括过氧比优化控制、系统功率优化控制、系统效率优化控制。

1. 过氧比优化控制

马冰心等[54]基于氢燃料电池发电系统的空气供应系统的状态空间提出一种新型的自适应高阶滑模方法，根据反馈控制理论将氢燃料电池发电系统的空气供给系统转化为标准形，对氢燃料电池发电系统进行了电堆内部动态稳定性分析。刘志祥等[55]提出了一种大功率氢燃料电池发电系统氧供应系统的负载电流跟随 PID 控制方法，通过工作负载电流响应，根据离心式空压机的响应特性，在动态响应与稳态控制阶段采用不同的 PID 参数进行反馈控制。张天贺等[56]建立了车载氢燃料电池空气供给系统模型，并采用自适应模糊 PID 控制器调节风机供给电堆的风量，实现了对电堆入口压力的控制。

2. 系统功率优化控制

Somaiah 等[57]采用 P&O 算法实现了最大净功率点在线跟踪，并且在搭建的氢燃料电池实验平台上验证了该算法的有效性。P&O 算法是一种简单且易于实现的算法，因此常应用于实际工程中。Zhong 等[52]提出了一种基于动态自适应控制原理的极值搜索算法，该算法通过调制燃料电池输出电流参考量所添加的正弦扰动量，以实现跟踪最优净功率轨迹的目的，仿真结果显示该方法在负载电流变化快速情况下也能取得较好的控制效果。

3. 系统效率优化控制

尹良震等[48]通过理论建模和实验验证，分析了氢燃料电池发电系统在负荷和电堆温度变化下的效率特性；根据氢燃料电池发电系统的效率特性，在最大效率优化(maximum efficiency optimization，MEO)下可获得系统的最佳效率轨迹。Yin 等[58]通过实验研究了电流-过氧化-系统效率特性，确定了不同电流下系统最大效率特性。Wang 等[59]通过提出一种基于遗忘因子递归最小二乘(forgetting factor recursive least squares，FFRLS)在线识别的新型效率极点控制方法，控制系统运行在最大效率点处。但对于离线数据寻优，这种方法存在着氢燃料电池发电系统最优性能点偏移问题。此外，一些在线寻优方法较复杂，计算量较大，在实际应用中搜索时间长，因此如果出现负载电流变化快速的情况，可能会造成系统性能不稳定[60]。

第2章 空冷型燃料电池发电系统

目前按照温度管理的方式不同，可将燃料电池发电系统分为空冷型和水冷型两种。其中，空冷型燃料电池发电系统电堆阴极采用直接与空气贯通的开放式结构，摆脱了加湿水和冷却水的复杂管理，可实现电堆模块化设计。空冷型燃料电池发电系统结构简单，系统功耗低，能量转换率高、噪声低、环境污染小、运行安全可靠。基于以上特点，空冷型燃料电池广泛应用到各个领域，取得了众多突破性成果[61]。本章详细阐释空冷型燃料电池的工作原理，并介绍完整空冷型燃料电池发电系统的构成及搭建。

2.1 空冷型燃料电池工作原理

空冷型燃料电池部件主要包括质子交换膜、电催化剂、双极板及气体流场等[62]，燃料电池的结构如图 2-1 所示。

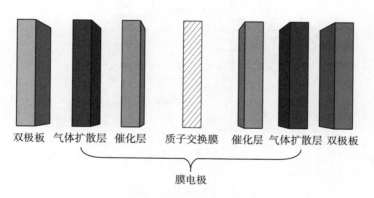

双极板　气体扩散层　催化层　　质子交换膜　　催化层　气体扩散层　双极板

膜电极

图 2-1　燃料电池的结构

在系统工作时，供给燃料分别从电堆的两极经由专门的流道送达堆内，气体扩散层（gas diffusion layer，GDL）作为连接催化层和流动区域的桥梁，主要使得输送进电堆的气体燃烧，为参与反应的气体和反应生成的产物提供传输通道和憎水剂，具备多孔性、导电性、疏水性以及化学稳定性，一般由基底层和碳纤维与聚四氟乙烯/碳膜组成的微孔层组成。催化层(catalyst layer，CL)是反应物进行电化学反应的场所，一般由催化剂和聚合物电解质构成。目前催化剂主要采用 Pt/C，考虑成本，也有的采用 Pt 和过渡金属 Ti、Cu、Ni、Co、W、Sn 等的合金作为氧化还原反应的催化剂。质子交换膜(proton exchange membrane，PEM)作为 PEMFC 的电解质，多为固态的高分子聚合物，具有电子绝缘性与离子电导性，化学稳定性与热稳定性强。双极板(bipolar plate，BP)主要用于分离氧化剂和还原剂，同时收集电流，具有阻断气体、良好的导热性和很强的抗腐蚀能力。

燃料电池的工作原理如图 2-2 所示，其中，催化过程的阳极反应为

$$2H_2 \longrightarrow 4H^+ + 4e^- \tag{2-1}$$

由于质子交换膜具有选择透过性，在氢离子不断透过质子交换膜后，电子在阴极积累形成负极，而电位高的阳极由于氧离子的不断堆积形成正极。电子在外部电路形成电流，其阴极化学方程式如式(2-2)所示：

$$O_2 + 4e^- + 4H^+ \longrightarrow 2H_2O \tag{2-2}$$

氧化还原总反应式如式(2-3)所示：

$$2H_2 + O_2 \longrightarrow 2H_2O + 电能 + 热能 \tag{2-3}$$

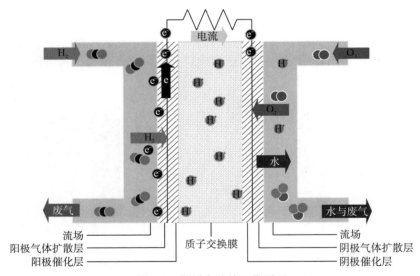

图 2-2　燃料电池的工作原理

2.2　系 统 平 台

通过实验控制平台可实现 PEMFC 系统的在线实时调节。PEMFC 系统平台包括软件和硬件，通过将主控制单元与 LabVIEW 上位机和数据采集卡相结合，可

以实现 PEMFC 测控系统的启动和运行状态控制[56]。系统在运行过程中实时采集
数据，传输到虚拟仪器的上位机进行存储和处理，并给出控制对象的相应控制指
令，以调整系统实时处于最佳状态。测控平台主要由电堆、减压阀、调压阀、压
力表、氢气进气阀、氮气进气阀、压力传感器、数据采集卡、电流传感器、温度
传感器、冷却风扇、电子负载、负载断路器、阳极尾气排气阀、上位机组成，主
要可分为燃料供应系统、氢气进气系统、尾气排放系统、负载管理系统、数据采
集系统、温度控制系统，如图 2-3 所示。

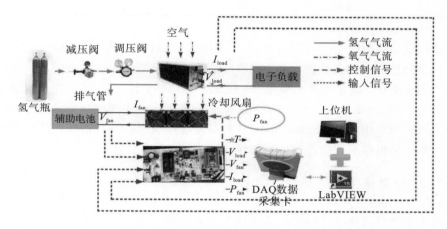

图 2-3　PEMFC 系统平台

测控平台采用 Horizon 燃料电池科技公司（Horizon Fuel Cells Technologies）公
司生产的 H-300 空冷式 PEMFC，电堆实物如图 2-4 所示。电堆是实现平台测控功
能的前提和关键，开放的阴极结构允许空气中的氧气直接用作电化学反应。表 2-1
中显示了 H-300 PEMFC 的主要参数。

图 2-4　H-300 空冷式 PEMFC 电堆实物图

表 2-1　H-300 PEMFC 的主要参数

参数	数值
额定功率	300W
电池片数	60
额定电流	8A
运行温度范围	0~75℃
运行电流范围	0~12A
运行电压范围	0~54V
燃料	99.999%纯氢

　　测控平台使用的电子负载为 ITECH 公司的 IT8816B。基于负载的变化,本书研究了 PEMFC 的动态性能,电子负载设置为在恒定电流模式下工作,测量频率可以达到50kHz,测量电流范围是 0~100A。该控制算法采用 m 文件脚本语法编写,有利于 Math Script 节点在 LabVIEW 中的嵌入,以实现控制变量的计算。所获得的控制命令由上位机+LabVIEW 实时显示在面板上,并且指令通过数据采集卡发送到下位机以实现特定的控制动作。

1. 燃料供应系统

　　由于空冷自增湿型 PEMFC 为阴极开放式结构,直接采用空气作为氧化剂,只需对燃料供应系统进行管理。燃料供应系统由以下部件构成:
　　(1)压力传感器,用于监测燃料输送状态,以确保空冷自增湿型 PEMFC 测控系统运行期间燃料的合理供应。
　　(2)减压阀,用于保护下游组件,以免出现过压。
　　(3)电磁阀,用于关断期间实现对燃料供给的隔离。
　　(4)压力调节器,用于维持对燃料电池的合理供氢压力。

2. 氢气进气系统

　　氢气通过罐体自带的减压阀减压至 0.50bar(1bar=1×10^{5}Pa),再通过调压阀,实验前通过调整调压阀将进气压力调节至 0.36bar,气体通过电磁阀进入电堆阳极进行化学反应。通过电磁阀控制电路实现对电磁阀的控制,即实现对氢气进气的管理。在阳极进气段增加压力传感器实现对入口氢气压力的监测,防止因压力过高或过低对质子交换膜造成伤害。

3. 尾气排放系统

　　空气流中的氮气和生成水缓慢地透过燃料电池膜进行迁移,并逐渐汇集到氢气流中。氮气和水在阳极的汇聚导致某些关键燃料电池性能持续下降。为了提高电堆的输出性能，必须对电堆进行阳极排气，排出阳极的"惰性"成分来恢复电堆的输出性能。对于电堆的阳极排气，目前主要有两种方式：

（1）连续排放，可以保持电堆工作压力稳定，但是会造成反应气体利用率低。

（2）脉冲排气，即在阳极尾气出口加上电磁阀，控制电磁阀开闭的频率及持续时间完成阳极排气。

本实验中采用第二种控制方法实现对阳极排气的控制。电磁阀的开闭频率及持续时间依据 Ballard 公司的 FCgen®1020ACS 系列空冷自增湿型 PEMFC 数据手册的建议进行设置：阳极排气的持续时间为 200ms，排气间隔 T_{purge}=2300(A·s)/I_{out}。由该式可以看出：输出电流越大，排气间隔越小。从理论上进行分析：输出电流较大，电化学反应生成的水在阳极堆积得更快，排气需要更加频繁以防止阳极水淹。

4. 负载管理系统

为更好地完成电堆的输出性能测试，本测控系统采用直流可编程电子负载 IT8816B，通过负载断路器控制电子负载的切入。IT8816B 电子负载电压、电流测量频率最高可达 50kHz，可调整上升/下降斜率，支持 VISA（虚拟仪器软件架构）/USBTMC（通用串行总线测试与测量类）/SCPI（可编程仪器的标准命令）通信协议，提供 CC/CV/CR/CW/CZ 工作模式，内置 GPIB（通用接口总线）/USB（通用串行总线）/RS232（推荐标准 232）通信接口，输入额定功率 2.5kW。电子负载内部设置有过功率保护、过电压保护、过温度保护，以提高运行的安全可靠性。电子负载 IT8816B 的具体参数如表 2-2 所示。

表 2-2　IT8816B 具体参数

工作模式	测量范围	测量精度
CV（定电压模式）	0～500V	10mV
CC（定电流模式）	0～100A	10mA
CR（定电阻模式）	10Ω～7.5kΩ	0.01%+0.0008S（S 指量程）
CW（定功率模式）	2.5kW	1W

5. 数据采集系统

为实现硬件平台和基于 LabVIEW 编写的控制系统软件平台实现通信，需要增加数据采集模块。利用数据采集模块完成硬件控制平台和基于 LabVIEW 的控制系统软件之间的通信。数据采集模块将采集到的电堆运行状态参数传输到 LabVIEW 控制系统平台上，经过数据处理，在 LabVIEW 控制程序前面板实时显示动态波形，并输出控制信号控制风扇的运行。因此，数据采集模块需要具备较高的传输速率，以及模拟输入信号通道、数字输出信号通道和模拟输出信号通道。综上分析，数据采集模块选用的是 ADLINK 公司的 USB-1902 数据采集卡，该数据采集卡是一款采用通用串行总线(universal serial bus，USB)接口的多功能数据采集模块，其具体参数如表 2-3 所示：具有 16 路单端/8 路差分 16 位模拟电压输入通道，采样频率可达250kS/s(S/s 为每秒的采样点个数)，输入模拟电压范围为−10～10V，测量的偏移误差可达±0.1mV；具有 2 路 16 位模拟电压输出，同步更新频率达 1MS/s；输出模拟电压范围为−10～10V，偏移误差可达±0.15mV；功能输入/输出接口有数字输入/输出接口、通用计时器/计数器以及脉冲发生三种模式。数字输入/输出接口模式具有 8 路数字量输入通道、4 路数字量输出通道；通用计时器/计数器模式具有 2 路 32位基本时钟频率 80MHz、外接时钟频率高达 10MHz 的通道；脉冲发生模式有 4 路脉宽调制输出通道，调制频率为 0.01Hz～50MHz，占空比在 1%～99%可调。数据传输采用 USB 2.0 高速接口，USB 供电，可以与 LabVIEW 及 MATLAB 配合使用。

表 2-3   USB-1902 具体参数

输入/输出	参数	数值
模拟输入	通道数	16 路单端/8 路差分，电压输入
	最大采样频率	250kS/s
	偏移误差	±0.1mV
	输入模拟电压范围	−10～10V
	数据传输	程序控制输入/输出，连续批量
模拟输出	通道数	2 路电压输出
	同步更新频率	1MS/s
	偏移误差	±0.15mV
	输出模拟电压范围	−10～10V

6. 温度控制系统

实验采用直流电机风扇对电堆的温度进行控制，风扇的选型需要考虑直流风扇的供电电压、尺寸、风量。供电电压采用统一的电源电压等级，即直流 24V；风量必须满足电堆工作时的需求。

2.3 控制系统

2.2 节主要介绍了空冷型燃料电池测控平台的构成，而其中控制系统是整个平台能实现稳定高效运行的关键部分，该系统主要包括系统供电、数据采集、通信三部分，其主要结构如图 2-5 所示。

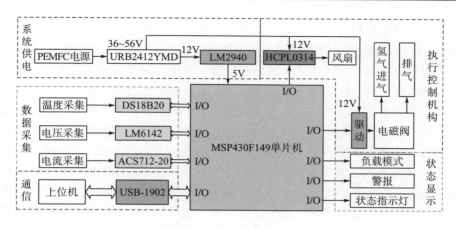

图 2-5　控制系统结构图

系统供电电路是整个测控系统正常运行的基础，其中单片机、传感器等芯片需要 5V 电源供电，风扇、报警及电磁阀需要 12V 供电，供电电路原理图设计如图 2-6 所示。控制板从运行的电堆获取电源，空冷型燃料电池输出电压为 36～56V，因此需要通过一个降压稳压模块 URB2412YMD 将其转换为 12V 电压，以满足风扇和电磁阀驱动供电的需求，再通过低压差三端稳压芯片 LM2940 将 12V 电压转换为 5V 电压用于单片机供电。

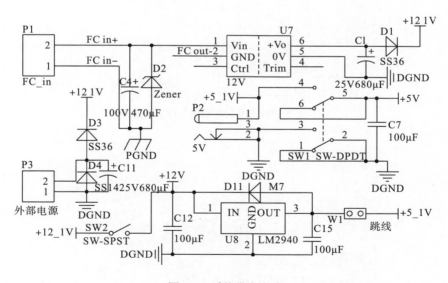

图 2-6　系统供电电路

数据采集电路是实现测控系统正常运行的关键，其中阴极开放式 PEMFC 输出电压采集电路如图 2-7(a) 所示，由分压电路和电压跟随电路两部分构成。采用高精度电阻对采集到的电堆电压 V_{FC} 进行分压，为了满足主控制器 MSP430F149 的 ADC（模数转换）模块输入电压，通过调节 R1、R4 和 R5 的阻值将 52V 的采集电压分压为 2.91V。通过在分压电路输出端级联电压跟随电路实现电压采集电路的元阻抗匹配，可以使其输入阻抗无穷大，输出阻抗无穷小。电流采集电路设计如图 2-7(b) 所示，采用 ACS712-20 电流传感器，该芯片是基于霍尔感应原理设计的，采用 5V 供电，根据系统输出特性选择了量程为 30A 的传感器型号，其静态输出电压为 0.6V，灵敏度为 100mV/A。当功率电路的电流为 8A 时，电流传感器输出电压可达 1.4V。温度采集电路如图 2-7(c) 所示，将电堆温度转化为模拟电压量进行采集，采用的 DS18B20 温度传感器具有独特的单线接口方式，仅需一条线实现与主控制器的双向通信，测量结果以 9～12 位数字量的方式串行传送。其工作电压为 3.0～5.5V，无须外部元件供电可直接通过供电电路输出的 5V 电压对其进行供电，传感器可测量温度范围为−55～125℃。

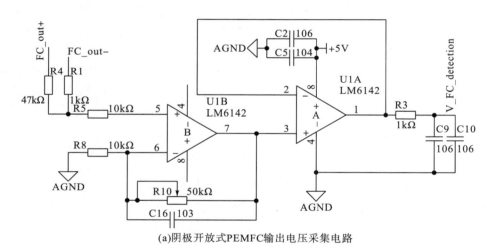

(a)阴极开放式PEMFC输出电压采集电路

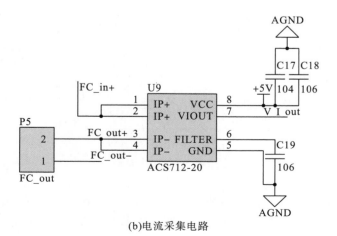

(b)电流采集电路

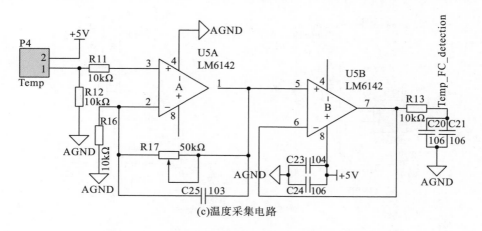

(c)温度采集电路

图 2-7　数据采集电路原理图

　　控制执行机构主要负责系统风扇与电磁阀的控制，风扇控制电路如图 2-8(a)所示，通过控制单片机产生的脉宽调制信号经由 HCPL-0314 提高驱动电压等级，实现风扇电机转速的调节，风扇额定电压为 12V。系统排气、氢气进气原理如图 2-8(b)、(c)所示，系统中采用 12V 直流电磁阀和 12V 直流负载断路器。电磁阀及负载断路器基于电磁效应进行设计，单片机通过控制继电器的开闭对电磁阀进行驱动，从而实现对系统排气和氢气进气的控制。

　　通过扬声器和指示灯进行系统状态的显示，在空冷型燃料电池发电系统运行过程中以绿灯表示系统正常，红灯表示系统出现错误，白灯表示等待状态。当系统处于温度过高、负载过大、数据获取异常等状态时，系统会显示红灯并发出警报声。

　　整个测控平台需要外部辅助电源供电的硬件有电磁阀、电流传感器、直流风扇、负载断路器和压力传感器。控制监测子系统的主控芯片采用 MSP430F149 单片机，控制每个执行机构，利用 JTAG 接口将系统控制程序烧录至 MSP430F149

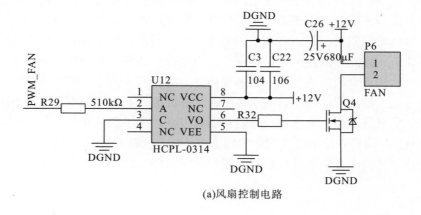

(a)风扇控制电路

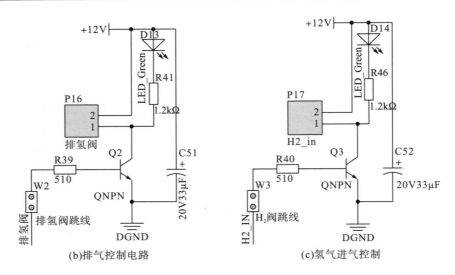

图 2-8　控制执行电路原理图

芯片中。在系统的印刷电路板布局时，为了尽可能减少数模电路的相互干扰，将两者按区域分开布局，部分地线通过磁珠相连接，其中数字电路部分靠近电源。

　　对于空冷型燃料电池发电系统，制约其大规模商业化应用的一个主要原因是电堆的耐久度问题。由于系统在工作时需要切换不同的工况，频繁地变化会影响电堆的输出性能，已有相关研究表明，在启停时刻的电堆工况对电堆输出性能的影响仅次于变化的负载工况影响，因此一个合理的启停规则对于电堆的使用寿命具有积极作用，Takagi 等[63]已通过实验验证，得到结论：合理设计氢气与氧气的关闭顺序可以有效减小电化学反应催化剂的衰减程度，有利于延长电堆使用寿命。Kim 等[64]通过研究 PEMFC 启动过程，得到了系统停机后关闭阴阳两极尾气排放阀可以提高系统耐久度的结论。

　　为了在电堆启停时保护电堆的性能，实验所用 PEMFC 电堆为阴极开放式结构，因此电堆阴极时刻与空气接触，在系统停机后，阴极端的空气会透过质子交换膜进入阳极流道，为保证下一次运行时阳极反应的充分性，在电堆启动时应使用惰性气体吹扫阳极流道，将多余的空气排出。而在吹扫过程中，惰性气体会充满阳极流道，此时无法发生电化学反应，而惰性气体与氢气不会发生反应，因此在运行之前先通入氢气再进行一次阳极排气，将氢气与惰性气体一同排出，之后方可进行正常的运行操作。在系统停机时，需要关闭氢气电磁阀，此刻的阳极流道仍有大量氢气存在，电化学反应还会继续发生，为了避免残余氢气反应所生成的腐蚀电流，仍需要使用惰性气体吹扫流道，实验选取氮气作为吹扫的惰性气体。整个空冷型燃料电池发电系统启停及氮气吹扫流程与原理如图 2-9 所示。

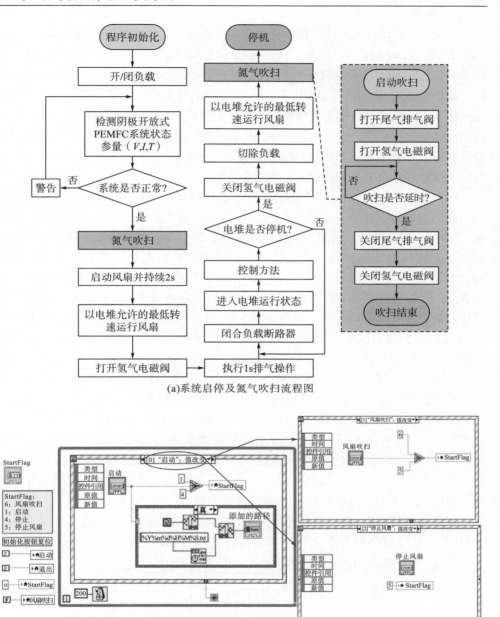

(a)系统启停及氮气吹扫流程图

(b)LabVIEW程序

图 2-9　系统启停及氮气吹扫原理

　　LabVIEW 是实验室虚拟仪器集成环境(laboratory virtual instrument engineering workbench)的简称，是美国国家仪器有限公司(NI)的创新软件产品，也是目前应用广泛、发展快、功能强的图形化软件开发集成环境，又称 G 语言。与 Visual Basic、Visual C++、Delphi、Perl 等基于文字型程序代码的编程语言不同，LabVIEW 采用图像模式的结构框图构建程序代码，因此在使用这种语言编程时基本不用程序代码，取而代之的是图标。LabVIEW 是一个工业标准的图形化开发环境，它结合了图形化编程方式的高性能与灵活性，具有专为测试、测量与自动化控制应用设计的高端性能与配置功能，能为数据采集、仪器控制、测量分析与数据显示等各种应用提供必要的开发工具。因此，LabVIEW 可以通过降低应用系统开发时间与项目筹建成本帮助科学家与工程师提高工作效率。

LabVIEW 被广泛应用于各种行业中，包括汽车、半导体、航空航天、交通运输、高效实验室、电信、生物医药与电子等。无论在哪个行业，工程师与科学家都可以使用 LabVIEW 创建功能强大的测试、测量与自动化控制系统，在产品开发中进行快速原型创建与仿真工作。在产品的生产过程中，工程师也可以利用 LabVIEW 进行生产测试，监控各个产品的生产过程。总之，LabVIEW 可用于各行各业的产品开发阶段。此外，LabVIEW 是可扩展函数库和子程序库的通用程序设计系统，它不仅可以用于一般的 Windows 桌面应用程序设计，还提供了通用接口总线、VXI（仪器扩展）总线控制、串行接口设备控制，以及数据分析、显示和存储等应用程序模块，其强大的专用函数库使得它非常适合编写用于测试、测量及工业控制的应用程序。LabVIEW 可方便地调用 Windows 动态链接库和用户自定义的动态链接库中的函数，还提供了 CIN（代码接口节点），用户可以使用基于 C 语言或 C++语言，如 ANSI C 等编译的程序模块，使得 LabVIEW 成为一个开放的开发平台。LabVIEW 还直接支持 DDE（动态数据交换）、SQL（结构化查询语言）、TCP（传输控制协议）和 UDP（用户数据报协议）等。另外，LabVIEW 还提供了专门用于程序开发的工具箱，用户可以很方便地设置断点、动态地执行程序来非常直观形象地观察数据的传输过程，还可以进行调试。

空冷型 PEMFC 测控平台通过监测 PEMFC 实时运行的参数，控制空冷型 PEMFC 电堆运行在最大净功率下，同时通过记录 PEMFC 系统的历史运行数据以实现实时调控。LabVIEW 的总体设计框架如图 2-10 所示。

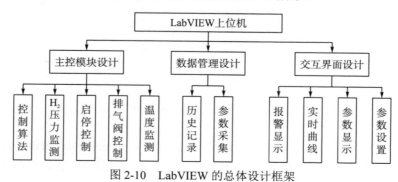

图 2-10　LabVIEW 的总体设计框架

　　LabVIEW 的主控模块主要负责上位机与下位机间的参数变量控制、数据通信和系统状态监测。上位机通过 VISA 模块与数据采集卡实时采集 PEMFC 历史状态参数数据，经由控制器反馈输出得到相应控制量发送至下位机，再通过串口采集系统的响应结果反馈至上位机，实现串口通信启停控制、氢气压力监测、温度控制、排气阀控制。数据的变化显示在系统前面板上，读取与写入串口通信程序框图如图 2-11 所示。

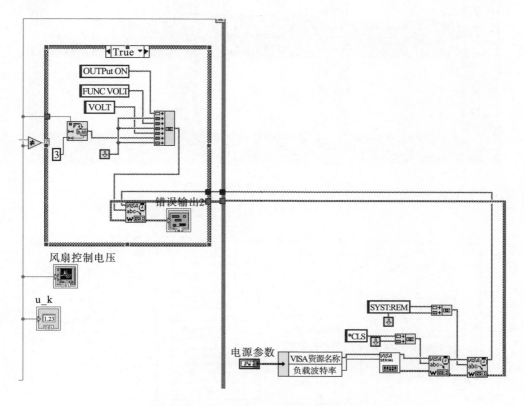

图 2-11　读取与写入串口通信程序框图

　　LabVIEW 的交互界面设计如图 2-12 所示，分为启停控制界面、参数设置界面和波形显示界面。为了避免系统的运行状态异常，可以设计控制参数的上下阈值。当系统出现异常状态时，交互界面自动提示系统异常状态，并设置处理时限，超过时限自动执行系统停机。

　　用户通过 LabVIEW 交互界面实时调整控制参数实现实时控制。LabVIEW 程序流程如图 2-13 所示。

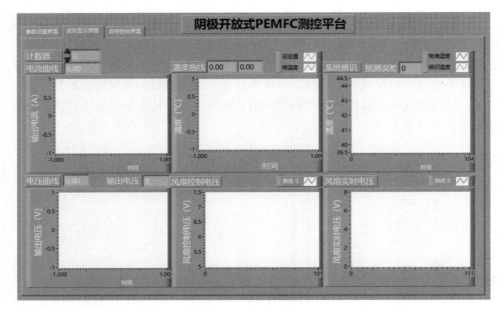

图 2-12　LabVIEW 的交互界面设计

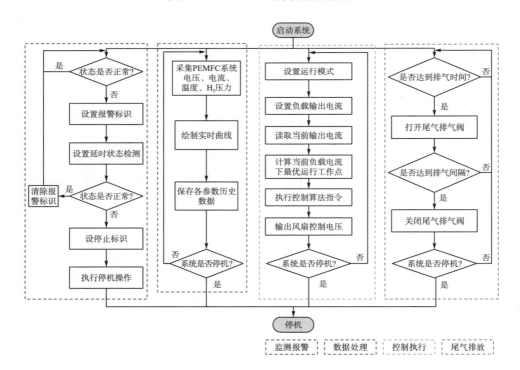

图 2-13　LabVIEW 程序流程图

空冷型燃料电池发电系统硬件实物平台如图 2-14 所示。LabVIEW 上位机得到控制指令，控制指令由数据采集卡下发至燃料电池控制器，实现对空冷型燃料电池发电系统的控制。

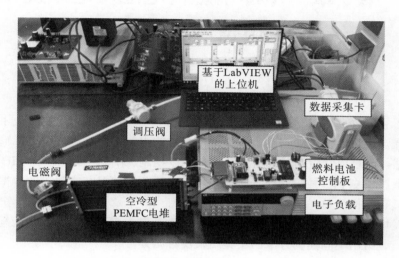

图 2-14　空冷型燃料电池发电系统硬件实物平台

2.4　本 章 小 结

本章首先介绍了空冷型燃料电池的工作原理，基于空冷型燃料电池发电系统控制特性，设计了空冷型燃料电池发电系统实验平台，分别阐述了各个子系统模块的设计参数。该平台通过控制板实现了各执行机构准确动作，通过 LabVIEW 上位机软件实现了交互动作，上、下位机通信，数据采集与管理以及算法控制，并通过系统启停的设计确保测控平台的稳定高效运行，为后文的系统优化控制奠定了基础。

第 3 章　空冷型燃料电池发电系统闭环控制技术

对于空冷型燃料电池发电系统，在确定的环境条件、某一恒定电流下，控制电堆工作温度维持在最佳温度附近、维持电堆的水热平衡，是提高电堆输出性能的关键措施。目前常用的温度控制方法有 PID 控制、模糊控制、模糊-PID 切换控制、自适应模糊 PID 控制、模型预测控制等，这些方法已在实际工业中得到广泛应用，具有结构简单、易于人员现场操作的特点。本章详细介绍适用于空冷型燃料电池发电系统的闭环控制方法原理，如 PID 控制、模糊控制、自适应模糊 PID 控制等，并给出不同控制方法的实验结果及对比分析。

3.1　离散增量式 PID 控制技术

3.1.1　离散增量式 PID 控制器设计

PID 控制作为闭环控制理论中的代表控制方法，因其结构简单且利于现场操作，在工业过程控制系统和实际应用中广泛采用，适用于一些对控制结果精度要求较高的系统。本章采用的 PID 控制算法原理如图 3-1 所示。

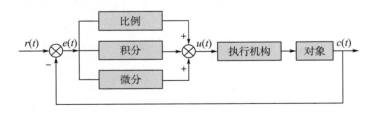

图 3-1　PID 控制算法原理

$r(t)$ 为控制参考值；$e(t)$ 为偏差；$u(t)$ 为控制输出量；$c(t)$ 为控制输入量（系统状态）

PID 控制器的控制输出为

$$\begin{cases} u(t) = K_{\mathrm{p}}\left(e(t) + \dfrac{1}{K_{\mathrm{i}}}\displaystyle\int_0^t e(t)\mathrm{d}t + K_{\mathrm{d}}\dfrac{\mathrm{d}e(t)}{\mathrm{d}t} \right) \\ e(t) = T_{\mathrm{opt}} - T_{\mathrm{stack}} \end{cases} \tag{3-1}$$

式中，K_{p} 为比例系数；K_{i} 为积分时间常数；K_{d} 为微分时间常数；T_{opt} 为目标温度；T_{stack} 为电堆温度。

其传递函数如式 (3-2) 所示：

$$G(s) = \frac{U(s)}{E(s)} = K_{\mathrm{p}}\left(1 + \frac{1}{K_{\mathrm{i}}s} + K_{\mathrm{d}}s \right) \tag{3-2}$$

在所设计的 PID 控制器中，控制环节在实际控制中主要起到的作用有以下三部分：

(1) 比例调节。比例调节环节的输出量 $u(t)$ 与偏差 $e(t)$ 呈一定比例关系。比例调节会在系统产生偏差的瞬间产生控制作用，使控制量能够向着使偏差减小的作用方向变化。其中偏差减小的速度是由比例系数 K_{p} 决定的：K_{p} 越大，偏差减小的速度越快。但是 K_{p} 越大越易引起系统振荡，从而使得系统稳定性降低。

(2) 积分调节。积分调节环节输出量 $u(t)$ 与偏差 $e(t)$ 呈一定积分关系。积分调节环节主要是为了消除系统的稳态误差，提高系统的无差度。积分调节的力度取决于积分时间常数 K_{i} 的选取，K_{i} 越大，积分的累积作用越弱，系统在过渡时不会产生振荡，且超调量会减小，系统的稳定性得以提高。但这会使得静态误差消除过程减慢，反之积分作用越强。

(3) 微分调节。微分调节环节输出量 $u(t)$ 与偏差 $e(t)$ 呈一定微分关系。微分项用于预见 $e(t)$ 变化的趋势，产生一定的超前控制作用，有助于降低系统的超调量。在偏差信号变得过大前引入一个早期修正信号，用于加速系统的动作，从而使得调节时间缩短。微分调节环节中输出正比于 $e(t)$ 的变化速度。

但是本次采用的控制软件为 LabVIEW，计算机控制系统为采样系统。内部用于传输的信号都是离散信号，无法直接使用连续 PID 控制算法。所以需要把连续 PID 离散化，得到位置式 PID 控制算法，如式 (3-3) 所示：

$$u(k) = K_{\mathrm{p}}\left\{ e(k) + \frac{T_{\mathrm{s}}}{K_{\mathrm{i}}}\sum_{j=0}^{k} e(j) + \frac{K_{\mathrm{d}}}{T_{\mathrm{s}}}[e(k) - e(k-1)] \right\} \tag{3-3}$$

式中，T_{s} 为采样周期。由式 (3-3) 可知：位置式 PID 控制算法的每次输出量都取决于历史状态量，需要对历史偏差 $e(j)$ 不断累加，整个计算过程必定存在累积误差，这会导致系统的复杂程度增加，进而降低控制系统的运算速度。同时通过位置式 PID 控制算法产生控制输出量 $u(k)$ 表示被控对象的实际位置偏差，若位置传感器发生故障，则会造成下一时刻被控对象的位置出现较大突变，这种情况在实际工业生产中会严重影响生产的安全性。采用位置式 PID 控制算法还可能出现积分饱和现象，因此为避免不良控制效果产生，应采用增量式 PID 控制算法来增强控制器的可靠性和稳定性。增量式 PID 控制算法与位置式 PID 控制算法的不同是其输出量是控制量 $u(k)$ 的增量 $\Delta u(k)$，整个过程以增量形式存在，因此没有历史累积误差，控制器的输出量所对应的是调整风扇的转速增量。采用离散增量式 PID 控制设计空冷型燃料电池电堆最优输出性能控制策略以实现系统的实时连续控制，具体的增量式 PID 控制算法如下。

第 $k-1$ 次采样如式(3-4)所示：

$$u(k) = K_p \left\{ e(k) + \frac{T_s}{K_i} \sum_{j=0}^{k} e(j) + \frac{K_d}{T_s} [e(k) - e(k-1)] \right\} \tag{3-4}$$

两次采样间隔输出的增量如式(3-5)所示：

$$\Delta u(k) = K_p \left\{ [e(k) - e(k-1)] + \frac{T_s}{K_i} e(k) + \frac{K_d}{T_s} [e(k) - 2e(k-1) + e(k-2)] \right\} \tag{3-5}$$

经过整理可以写为

$$\Delta u(k) = K_p \left(1 + \frac{T_s}{K_i} + \frac{K_d}{T_s} \right) e(k) - K_p \left(1 + 2\frac{K_d}{T_s} \right) e(k-1) + K_p \frac{K_d}{T_s} e(k-2) \tag{3-6}$$

令 $A = K_p \left(1 + \dfrac{T_s}{K_i} + \dfrac{K_d}{T_s} \right)$，$B = K_p \left(1 + 2\dfrac{K_d}{T_s} \right)$，$C = K_p \dfrac{K_d}{T_s} e(k-2)$，则式(3-6)可以写为

$$\Delta u(k) = Ae(k) - Be(k-1) + Ce(k-2) \tag{3-7}$$

空冷型燃料电池发电系统所设计的离散增量式 PID 控制算法的控制输出如式(3-8)所示：

$$\begin{cases} u(k) = u(k-1) + \Delta u(k) \\ \Delta u(k) = Ae(k) - Be(k-1) + Ce(k-2) \\ e(k) = T_{opt}(k) - T_{stack}(k) \\ u_{min} \leqslant u(k) \leqslant u_{max} \end{cases} \tag{3-8}$$

式中，u_{min}、u_{max} 为风扇电压在允许范围内的最小值和最大值。

3.1.2　实验结果与分析

基于系统最优输出 PID 控制的 LabVIEW 前面板操作界面如图 3-2 所示，在本章中所搭建的测控平台上，对空冷型燃料电池电堆采用增量式 PID 控制方法进行输出性能优化控制。

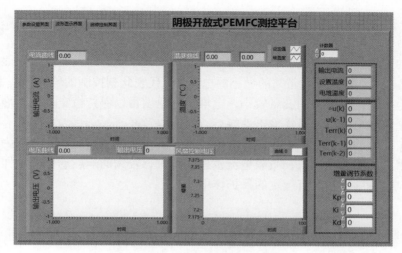

图 3-2　PID 控制操作界面

根据实验控制效果调节 PID 的三个控制变量 K_p、K_i、K_d 以及增量调节系数 k，在效果最优的控制参数下对空冷型燃料电池发电系统进行负载电流的加载和减载实验，得到 PID 控制响应，实验结果如图 3-3 所示。

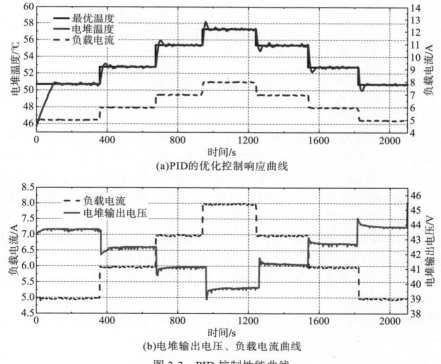

(a)PID的优化控制响应曲线

(b)电堆输出电压、负载电流曲线

图 3-3　PID 控制性能曲线

　　PID 控制的稳态误差稳定在−0.284～0.16℃内，控制精度达到空冷型燃料电池发电系统的控制目标。由图 3-3(a)可以看出，加载过程中的超调量显然小于减载过程中的超调量。由图 3-3(b)可以看出，在系统趋于稳态时，系统输出曲线趋于平缓，仅有尾气排放时所带来的微小的电压降，代表此刻控制的输出量基本恒定，作用在电堆输出电压上的变量较小，电堆运行温度得以保持恒定，使电堆稳定运行在每个负载电流下的最优输出性能点。

　　PID 控制的风扇电压曲线如图 3-4 所示，由图可以看出电压变化较为平缓，没有频繁的上下波动，只在负载电流发生变化时有较大的响应动作，这样的电压动作对风扇持续运行具有一定的保护作用。

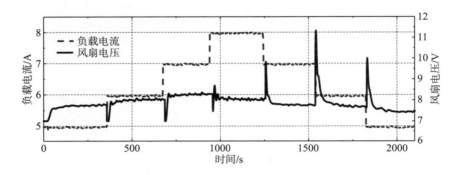

图 3-4　PID 控制风扇电压曲线

3.2　模糊逻辑控制技术

　　传统的控制理论首先需要建立被控对象的精确数学模型并对其进行定量分析，而后针对模型设计相应的控制策略[65]。Zadeh 于 1965 年提出了模糊理论，旨在解决那些不能精确描述的信息。模糊控制是一种基于规则的控制，以实际操作人员的控制经验和相关领域专家的知识为出发点，控制规则直接以语言形式描述，无须建立被控对象的精确数学模型，适用于模型难以建立、动态特性过于复杂或波动剧烈的非线性系统。基于模糊集合(fuzzy set，FS)和模糊逻辑(fuzzy logic，FL)推导模糊理论，引入隶属度函数(membership function，MF)描述介于属于与不属于区间内的过渡情况，通过模拟实际控制过程和方法来获取较为精准的控制量。

　　模糊控制器主要结构包括模糊化、模糊推理机、解模糊、规则库及输入/输出隶属度函数，如图 3-5 所示。

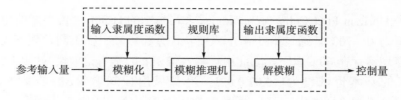

图 3-5 模糊控制器结构

模糊化主要包括尺度变换、模糊论域设计、隶属度函数设计及模糊方法选择，通过尺度变换将输入量由基本论域中的实际值根据隶属度函数关系变换成模糊论域中的语言变量值，输入模糊推理机。随后经由控制经验或专家知识量化后所建立的规则库，对输入的模糊论域中的变量进行控制。再基于所设计的输出隶属度函数对控制所得的模糊结果进行清晰化，即解模糊化得到精确的实际控制变量，作用在被控对象上以实现相应的控制动作[66]。

基于空冷型燃料电池发电系统难以精确建模的特性，可以采用模糊控制实现系统的最优性能输出控制，利用系统动态特性曲线建立相应的模糊控制规则，从实际控制经验过渡到模糊控制器设计，选取合适的输入/输出隶属度函数实现电堆输出优化。

模糊逻辑控制系统框图如图 3-6 所示，选择将最优输出性能点所对应的运行温度与当前电堆温度的偏差 e 及其偏差率 e_c 作为系统输入量，经由模糊控制器模糊化、模糊推理及解模糊化得到风扇的控制电压增量，与上一时刻风扇电压量相加得到当前时刻的风扇电压，再作用于被控系统实现电堆的最优性能输出。

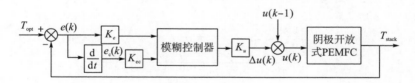

图 3-6 模糊逻辑控制系统框图

T_{opt} 为目标温度；T_{stack} 为电堆温度

3.2.1 模糊控制器设计

1. 模糊化

输入量的清晰值通过模糊控制器转化为定义在输入论域上的某一模糊集合的过程称为模糊化，其目的是将清晰值转换为模糊规则所理解和可以操作的变量形式。首先根据空冷型燃料电池发电系统确定模糊控制器中的模糊推理规则，这里采用的是 Horizon Fuel Cells Technologies 公司生产的 H-300 空冷型燃料电池，其温度范围为 0～70℃，通过第 2 章的系统特性分析可知，在不同负载下的最优输出性能点均运行在 60℃以下，因此电堆输入偏差 e 的基本论域设为[−0.3,0.3]，偏差率 e_c 的基本论域设为[−0.02,0.02]，冷却风扇控制增量 Δu 的基本论域为[−3.6,3.6]。模糊论域选为[−6,6]，量化、比例因子取值如式(3-9)所示[67]：

$$\begin{cases} k_e = 20 \\ k_{ec} = 300 \\ k_{\Delta u} = 0.6 \end{cases} \tag{3-9}$$

在模糊论域上对 e、e_c 及 Δu 的模糊语言子集进行划分，七个模糊子集为{负大（NB），负中（NM），负小（NS），零（ZO），正小（PS），正中（PM），正大（PB）}；在保证系统运行温度在要求的范围的前提下，能够使 e 被控制在一定范围内，选择对称三角隶属度函数作为隶属度函数，如图 3-7 所示。该隶属度函数形状仅与斜率相关，在后续运算中较为简单，计算速度较快，适用于在线调整的控制对象。

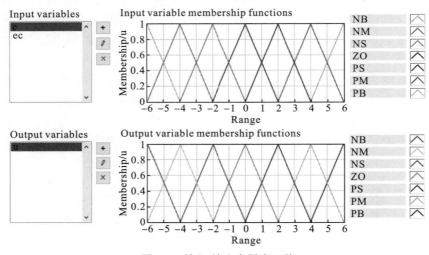

图 3-7　输入/输出隶属度函数

2. 制定模糊规则

建立控制增量 Δu 的模糊规则，形式为："IF e IS An AND e_c IS Bn，THEN Δu is Cn"。此时控制器的模糊推理为：当 e 为 An 且 e_c 为 Bn 时，寻找控制器的输出模糊状态 Cn。模糊规则中的主要规则如下：

（1）当温度偏差 e 和温度偏差率 e_c 为较大的正值，即调节量过大时，应选使控制量减弱方向较大的负值 Δu 来减小调节的力度，此规则可描述为

IF 'e' IS 'PB' AND 'e_c' IS 'PB' THEN 'Δu' IS 'NB'

（2）当温度偏差 e 和温度偏差率 e_c 为较大的负值，即调节量过小时，应选使控制量增强方向较大的正值Δu 来加大调节的力度，此规则可描述为

IF 'e' IS 'NB' AND 'e_c' IS 'NB' THEN 'Δu' IS 'PB'

（3）当温度偏差 e 和温度偏差率 e_c 为零时，控制增量也应为零，即Δu 选取零值，此规则可描述为

IF 'e' IS 'ZO' AND 'e_c' IS 'ZO' THEN 'u' IS 'ZO'

（4）当温度偏差 e 和温度偏差率 e_c 为中等负值时，控制增量也应选使控制量增强方向较大的正值Δu，此规则可描述为

IF 'e' IS 'NM' AND 'e_c' IS 'NM' THEN 'u' IS 'PB'

（5）当温度偏差 e 和温度偏差率 e_c 为中等正值时，控制增量也应选使控制量减弱方向较大的负值Δu 来减小调节的力度，此规则可描述为

IF 'e' IS 'PM' AND 'e_c' IS 'PM' THEN 'u' IS 'NB'

采用 Mamdani 推理方法进行模糊推理。由于空冷型燃料电池电堆是通过自带的风扇转动吹扫电堆来改变系统运行温度的，即当风扇吹扫速度加快时，加快了电堆内的空气流通，会从电堆带离更多热量从而使得电堆温度下降。控制规则是根据实际操作经验而总结得到的，所设计模糊规则推理表如表 3-1 所示。

表 3-1　模糊规则推理表

e	NB	NM	NS	ZO	PS	PM	PB
NB	PB	PB	PB	PB	PM	PS	ZO
NM	PB	PB	PM	PM	PS	ZO	ZO
NS	PB	PM	PM	PS	ZO	ZO	NS
ZO	PM	PS	PS	ZO	NS	NS	NM
PS	PS	ZO	ZO	NS	NM	NM	NB
PM	ZO	ZO	NS	NM	NM	NB	NB
PB	ZO	NS	NM	NB	NB	NB	NB

3. 解模糊化

模糊推理后需要对结果进行解模糊化处理，即将模糊化后的结果值变为适用于控制器操作的精确控制量，所采用的方法是加权平均法，如式（3-10）所示：

$$\Delta u = \frac{\int x_i \mu(x_i)\mathrm{d}x_i}{\int \mu(x_i)\mathrm{d}x_i} \tag{3-10}$$

式中，x_i 为论域中所对应的每个元素，将其作为隶属度 $\mu(x_i)$ 的加权系数，加权平均处理后得到的Δu 即模糊控制所得的控制增量，与 $k-1$ 时刻的控制量 $u(k-1)$ 相加可得到当前 k 时刻的控制量 $u(k)$。

3.2.2　实验结果与分析

　　基于 LabVIEW 平台所设计的模糊逻辑控制操作界面如图 3-8 所示,可以通过设置模糊逻辑控制的量化因子、比例因子来调整控制效果。

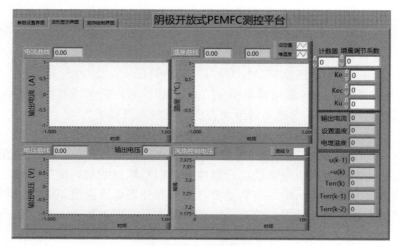

图 3-8　模糊逻辑控制操作界面

　　在实验所得最优控制效果的参数下对空冷型燃料电池发电系统进行模糊控制,可得加/减载过程中的控制结果如图 3-9 所示。

　　从分析结果可以看出,模糊逻辑温度控制的稳态误差在−0.367～0.48℃内,该误差满足空冷型燃料电池发电系统的控制目标,即代表所选择的量化因子、比例因子、基本论域、模糊论域合理。由图 3-9(a)可以看出加载时的超调量较小,负载升高时电堆处于升温状态,此时风扇保持低速运转;当电堆温度接近最优功率点所对应的运行温度时,模糊响应迅速动作,此时风扇控制电压升高,风扇吹扫速度加快,抑制电堆温度继续爬升,所以超调量较小。而在减载过程中,因为控

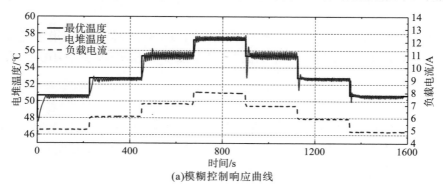

(a)模糊控制响应曲线

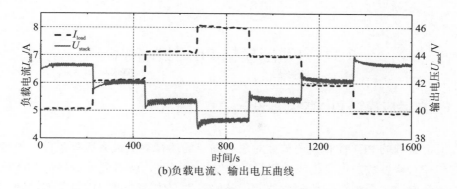

(b)负载电流、输出电压曲线

图 3-9　模糊控制输出性能曲线

制器需要将电堆降至较低的运行温度点，此刻需要风扇全速转动，当接近最优功率点附近时，系统响应开始降低风扇控制电压，虽然风扇转速迅速下降，但由于温度响应过程存在一定滞后性，且风扇的转动存在惯性，风扇会出现过度吹扫现象，使得温度下降时超调量较大。

　　从控制目标看，模糊控制方法具有较快的响应速度，且控制精度满足系统最优输出性能目标。但由图 3-9(b)可以看出，当控制系统逐渐趋于稳定时，系统输出电压处于不断振荡状态。造成这一现象的原因是：当 e 为负值时，超过了基本论域负向最大值，模糊控制器会使控制量马上输出为负向的最大值，即令风扇的转速迅速下降到允许的最低值，此时吹扫进入电堆的空气量较少，易造成氧饥饿。模糊控制器输出的风扇控制电压如图 3-10 所示，可以看出整个控制过程中，风扇控制电压变化剧烈且频繁，说明模糊控制的响应具有较强的灵敏度且响应速度快，当偏差刚产生时就立刻响应，给出风扇控制量，使得风扇转速增快或减慢，但如此频繁改变风扇转动对风扇电机寿命会有一定的影响。通过实验结果分析可知，模糊控制虽然能优化系统输出，但会造成电堆性能在一定区域内上下波动，这会影响电堆寿命和难以保证系统长久稳定地运行。

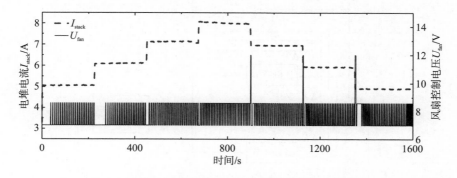

图 3-10　模糊控制时电堆电流和风扇控制电压曲线

3.3 自适应模糊 PID 控制技术

3.3.1 自适应模糊 PID 控制器设计

恒定参数的 PID 控制需要被控对象有固定的运行参数或者运行条件，当运行中的被控对象参数发生变化或者运行条件发生改变时，就需要重新整定 PID 控制器的三个参数，否则在运行参数与运行条件发生变化后，对被控对象的控制效果将会发生改变，有可能达不到理想的控制效果。

空冷自增湿型 PEMFC 电堆随着外部干扰、辅助设备状况、负载抽取电流大小等的动态变化，其内部化学反应活性、内部温湿度、阴阳极流道气体压力等控制特性参数会时刻发生变化，因此 PEMFC 电堆的运行条件是随外部环境的变化而不固定的。采用在某一条件下获得最优控制效果的固定参数 PID 控制器，在与参数整定时刻的运行条件不一致时，其控制效果必然会降低。为适应 PEMFC 变运行条件的状况，有必要构建一种能在线自动调整 PID 控制参数的自适应模糊 PID 控制器，以适应运行条件变化对 PID 控制器的影响，提高 PID 控制器的控制效果。

模糊逻辑控制响应快、对不确定性因素的适应性强，无须依赖控制对象的精确数学模型，它能以人类思维的方式，根据人类的控制经验、知识等推理获得较为精确的控制量。因此，可以采用模糊逻辑控制监测被控对象的运行状态，根据当前的状态按照给定的推理规则进行逻辑推理，自动调整 PID 控制器的参数，以满足运行条件发生变化后的控制效果。

基于以上分析，设计如图 3-11 所示自适应模糊 PID 控制器，采用传统的 PID 控制器和模糊控制器相结合，以空冷型燃料电池电堆的温度偏差 e 和温度偏差率

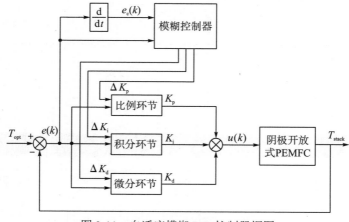

图 3-11 自适应模糊 PID 控制器框图

e_c 作为输入变量输入模糊控制器，得到控制 PID 三个参量的整定量 ΔK_p、ΔK_i、ΔK_d，分别作用于 PID 的三个参量上，最终输出 PID 控制器的三个参数 K_p、K_i、K_d，通过建立二维模糊推理逻辑，利用模糊控制规则实现 PID 参数的在线整定。控制器在运行过程中需要不断地检测 e 和 e_c 的变化，然后根据模糊规则进行模糊推理，在线调整 PID 的三个控制参数值，从而满足不同 e、e_c 所造成的控制参数的不同的要求，使控制系统具有较好的动态和静态性能[68]。

3.3.2　自适应模糊推理过程

按照图 3-12 所示控制流程实现 PID 控制参数基于模糊规则的在线自整定。

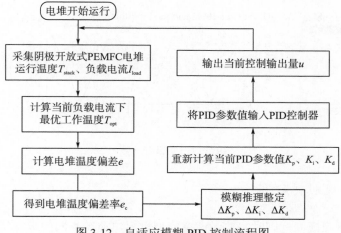

图 3-12　自适应模糊 PID 控制流程图

1. 模糊化

控制策略中的偏差 e 的基本论域可设定为[-1.2,1.2]，模糊论域可以选为[-6,6]，可以实现温度偏差从基础论域到模糊论域的量化。温度偏差率 e_c 的基本论域设定为[-0.06,0.06]。PID 参数 ΔK_p 的基本论域设定为[-3.3,3,3]，ΔK_i 的基本论域设定为[-0.08,0.08]，ΔK_d 的基本论域设定为[-0.08,0.08]，模糊论域也选择为[-6,6]，量化因子和比例因子分别如式(3-11)所示：

$$\begin{cases} k_e = 30 \\ k_{ec} = 200 \\ k_{up} = 50 \\ k_{ui} = 1.2 \\ k_{ud} = 1.2 \end{cases} \tag{3-11}$$

在实现由基础论域向模糊论域的量化后，需要通过语言变量来描述模糊语言变量与论域之间的关系，在模糊论域上选择模糊语言子集为{NB, NM, NS, ZO, PS, PM, PB}，即{负大，负中，负小，零，正小，正中，正大}，各参量的隶属度函数选择非对称三角隶属度函数，如图 3-13 所示。

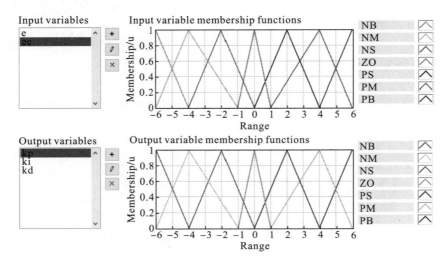

图 3-13 隶属度函数

2. 模糊规则制定

制定自适应模糊规则时需要考虑空冷型燃料电池在不同的运行状态下控制器应该动作的方向，当温度偏差 e 为较大正值，即 e=PB 时，代表此刻电堆运行温度较低，远未达到期望的最优输出性能点，一般这时的电堆处于刚刚启动状态或由于负载电流突然升高时所带来的最优功率点的突变状态。此时的控制器应动作的方向是使系统迅速升温以实现当前负载电流下的最优输出，应尽可能减小空气流通速率以减少系统的散热。当温度偏差 e 为较大负值，即 e=NB 时，说明此刻PEMFC 电堆温度较高，远高于期望的最优功率点所对应的运行温度，一般该状态会发生在负载电流骤减情况下，此时的控制器应动作的方向是使系统迅速降温实现系统的最优输出，应尽可能加速电堆内部的空气流通速率以带走更多的热量。这两种情况下模糊控制器输出的 ΔK_p 均选择较大值，即 ΔK_p=PB，以保证系统能尽可能快地稳定到最优功率点，若温度偏差率 e_c 较大，则可以通过较大的 ΔK_d 实现调节；若温度偏差率 e_c 较小，则可以通过较小的 ΔK_d 实现调节。此时的几条规则可以写成如下形式。

Rule1：IF 'e' IS 'PB' AND 'e_c' IS 'PB' THEN 'ΔK_p' IS 'PB' ALSO 'ΔK_i' IS 'NB' ALSO 'ΔK_d' IS 'NB'

Rule2：IF 'e' IS 'PB' AND 'e_c' IS 'PS' THEN 'ΔK_p' IS 'PM' ALSO 'ΔK_i' IS 'NM' ALSO 'ΔK_d' IS 'NM'

Rule3：IF 'e' IS 'NB' AND 'e_c' IS 'NB' THEN 'ΔK_p' IS 'PB' ALSO 'ΔK_i' IS 'NB' ALSO 'ΔK_d' IS 'NB'

Rule4：IF 'e' IS 'NB' AND 'e_c' IS 'NS' THEN 'ΔK_p' IS 'PM' ALSO 'ΔK_i' IS 'NM' ALSO 'ΔK_d' IS 'NM'

当温度偏差 e 为很小值，即 e=PS 或 NS 时，说明 PEMFC 电堆温度较为接近当前负载下的最优功率点，此时通过温度偏差率 e_c 来调节 PID 的三个参数增量，当温度偏差率 e_c 为较大的正/负值时，ΔK_p 和 ΔK_i 可选取较大的值。此时的几条规则可以写为如下形式。

Rule5：IF 'e' IS 'NS' AND 'e_c' IS 'NB' THEN 'ΔK_p' IS 'NB' ALSO 'ΔK_i' IS 'NB' ALSO 'ΔK_d' IS 'PS'

Rule6：IF 'e' IS 'NS' AND 'e_c' IS 'NS' THEN 'ΔK_p' IS 'NB' ALSO 'ΔK_i' IS 'PS' ALSO 'ΔK_d' IS 'PS'

Rule7：IF 'e' IS 'PS' AND 'e_c' IS 'PB' THEN 'ΔK_p' IS 'NB' ALSO 'ΔK_i' IS 'NB' ALSO 'ΔK_d' IS 'PS'

Rule8：IF 'e' IS 'PS' AND 'e_c' IS 'PS' THEN 'ΔK_p' IS 'NB' ALSO 'ΔK_i' IS 'PS' ALSO 'ΔK_d' IS 'PS'

结合阴极开发式 PEMFC 系统输出特性，针对不同的温度偏差 e 和温度偏差率 e_c，采用 Mamdani 推理方法制定的自适应 ΔK_p、ΔK_i、ΔK_d 模糊推理规则如表 3-2～表 3-4 所示。

表 3-2　ΔK_p 模糊推理规则表

ΔK_p		e_c						
		NB	NM	NS	ZO	PS	PM	PB
e	NB	PB	PB	PM	PM	PM	PB	PB
	NM	PB	PM	PM	PS	PM	PM	PB
	NS	NB	NB	NB	PS	NB	NB	NB
	ZO	ZO	ZO	ZO	ZO	ZO	ZO	ZO
	PS	NB	NB	NB	PS	NB	NB	NB
	PM	PB	PM	PM	PM	PM	PM	PB
	PB	PB	PB	PM	PB	PM	PB	PB

表 3-3　ΔK_i 模糊推理规则表

ΔK_i		e_c						
		NB	NM	NS	ZO	PS	PM	PB
	NB	NB	NB	NM	NM	NM	NB	NB
	NM	NB	NB	NM	NS	NM	NB	NB
	NS	NB	NM	PS	NS	PS	NB	NB
e	ZO	NM	NS	ZO	ZO	PS	PS	PS
	PS	NB	NB	PS	PS	PS	NM	NB
	PM	NB	NB	NB	PS	NM	NB	NB
	PB	NB	NB	NM	PM	NM	NB	NB

表 3-4　ΔK_d 模糊推理规则表

ΔK_d		e_c						
		NB	NM	NS	ZO	PS	PM	PB
	NB	NB	NB	NM	ZO	NM	NB	NB
	NM	NB	NM	NM	NS	NM	NM	NB
	NS	PS	PS	PS	NS	PS	PS	PS
e	ZO	NB	NM	NM	ZO	ZO	ZO	ZO
	PS	PM	PS	PS	NS	PS	PS	PS
	PM	NM	NM	NM	NS	NM	NM	NM
	PB	NB	NB	NM	NS	NM	NB	NB

3. 解模糊化

模糊推理后得到的值仍为模糊量，需要采用如式(3-10)所示的加权平均法对推理结果进行解模糊化处理，得到三个参数精确的增量值 ΔK_p、ΔK_i、ΔK_d，再得到当前偏差 e 和偏差率 e_c 下 PID 控制器的三个参数 K_p、K_i、K_d，从而得到电堆冷却风扇的控制增量 $\Delta u(k)$，与 $k-1$ 时刻的控制量 $u(k-1)$ 相加得到当前 k 时刻的控制量 $u(k)$。

3.3.3　实验结果与分析

基于 LabVIEW 上位机设计的自适应模糊 PID 控制操作界面如图 3-14 所示，可以通过设置模糊逻辑控制的量化因子、比例因子、初始参数(K_p、K_i、K_d)及增量调节系数 k 来调整整个自适应模糊 PID 控制的控制效果。

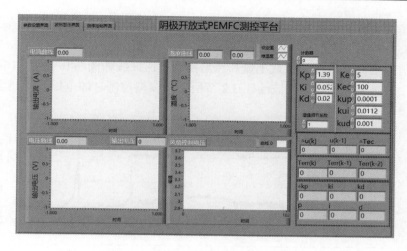

图 3-14   自适应模糊 PID 控制操作界面

　　在实验所得最优控制效果的参数下对空冷型燃料电池发电系统进行自适应模糊 PID 控制，可得加/减载过程中的控制结果如图 3-15 所示。

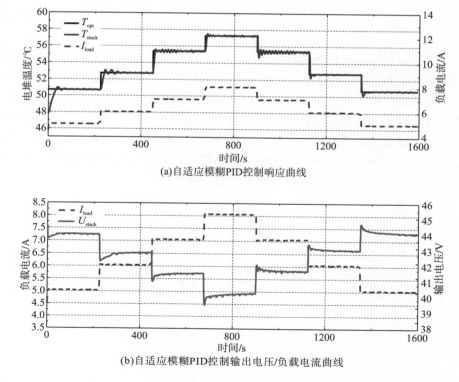

(a)自适应模糊PID控制响应曲线

(b)自适应模糊PID控制输出电压/负载电流曲线

图 3-15   自适应模糊 PID 控制输出性能曲线

　　自适应模糊 PID 控制的稳态误差在−0.261～0.159℃，满足电堆的控制目标，由图 3-15(b)可以看出在整个控制过程中的超调量都比较小。

　　自适应模糊 PID 控制负载电流和风扇控制电压曲线如图 3-16 所示，在整个控制过程中，风扇控制电压的波动比 3.2 节所采用模糊控制时的电压波动要小。

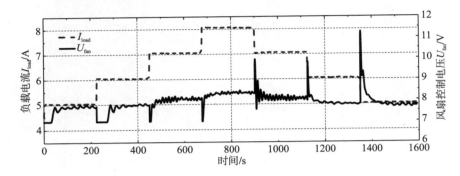

图 3-16　自适应模糊 PID 控制负载电流、风扇控制电压曲线

3.4　本 章 小 结

　　本章主要采用了三种优化控制方法，即 PID 控制、模糊控制以及自适应模糊 PID 控制，对空冷型燃料电池发电系统实现输出优化控制。通过 3.1 节和 3.2 节的控制算法理论分析与验证，结合 PID 控制与模糊控制的优势，分析设计了基于两者的自适应模糊 PID 控制算法，详细地分析阐述了各控制参变量对系统控制效果的影响。通过测控平台对比三种优化控制方法的控制效果，由对比结果可知自适应模糊 PID 控制策略在三种控制方法中具有较优的动态响应与稳态特性，可以实现电堆持续稳定的运行，对电堆寿命也具有积极作用。

第 4 章　空冷型燃料电池发电系统优化控制技术

当空冷型燃料电池发电系统处于确定的环境条件时，在某一恒定负载电流下，系统存在最优输出性能点，电堆输出电压将达到当前负载电流下的最高点，即 PEMFC 输出功率最大。为使空冷型 PEMFC 可以稳定在最优功率点附近工作，可以通过改变系统当前运行温度从而实现系统的最优输出，即通过改变风扇吹扫速度改变系统空气流通从而实现温度的改变，通过控制风扇运行电压实现系统的优化控制。本章进行原理分析及实验数据处理，得出空冷型燃料电池发电系统的运行特性，并基于运行特性设计最大净功率优化控制方法。考虑空冷型燃料电池发电系统非线性时滞的系统特性，设计一种基于偏格式线性化的无模型自适应预测优化控制方法，对系统进行最优输出控制。

4.1　输出特性分析

4.1.1　性能影响因素分析

1. 湿度对输出性能的影响

当 PEMFC 发生反应时，阴极反应产生的水造成阴阳两极间存在水浓度梯度，水分子在压差下会通过质子交换膜向阳极扩散，称为反向扩散。一方面，水分的扩散有利于膜的加湿作用，这对于阳极传导到阴极的质子运动过程是必要的，质子交换膜的湿度和含水量对质子运动的抵抗力有着直接的作用。另一方面，质子在穿过质子交换膜时会拖曳水分子发生电渗析，在较高负载电流下通过这一现象所传输的水会超过反向扩散的水。

空冷型燃料电池无需外部加湿装置，电池内部两膜与两极之间所形成的隔室，其含水量对电池的性能具有较大的影响。空冷型燃料电池中的水以液态和气态两种形式存在，液态水会沉降至阳极通道的底部，过量的液态水会阻碍氢分子到达催化剂表面，即降低电化学反应的可用面积从而导致明显的电压下降。此外，流道溢流导致的阴极催化剂中的碳载体腐蚀，在反向扩散时，位于阴极流道内的氮气和其他杂质会被输送至阳极气体扩散层，与液态水类似，氮气的积累也会阻碍氢分子正常参与反应从而造成电堆输出性能下降[24,69]。

催化剂层过于干燥也会对系统性能造成不良影响，阴极封闭式 PEMFC 催化剂干燥的原因是反应产生的高温无法及时排出电堆，而空冷型燃料电池中催化剂干燥的原因是空气流速过快导致过多水分被带离阴极流道。

因此，考虑湿度对 PEMFC 电堆性能的影响，适当的水管理策略可以极大地改善 PEMFC 电堆的寿命和效率[70]。通过合理的吹扫顺序，可以确保 PEMFC 在相同运行条件下具有较高的氢气利用率，从而提高系统运行效率和电堆使用寿命。理想的吹扫间隔可以实现堆内水分、氮气和其他杂质的一并清除，且保证氢气刚到达阳极就停止吹扫动作。吹扫持续的时间也不宜过长，这是因为吹扫时间过长一方面会导致质子交换膜过分干燥，另一方面也会使得刚进入流道的氢气损失[71,72]。因此，空冷型燃料电池发电系统的吹扫设置也会影响 PEMFC 的湿度状态进而影响系统输出性能。

2. 温度对输出性能的影响

电化学反应对温度变化十分敏感，因此温度对 PEMFC 能否有效和安全运行起着重要作用。由于 PEMFC 在电化学反应中会产生热量，并且随着输出电压的不断升高，温度逐渐升高。随着温度的升高，燃料电池欧姆阻抗不断降低，电池内部的质子传递速度不断加快，整个电堆的性能就会不断提升。在温度提升的过程中，电池内质子交换膜的水合程度也不断变化，此时过高的温度会导致膜脱水，从而影响质子的传递速率，降低电导率，会使电堆性能变差，甚至损坏质子交换膜。

空冷型燃料电池发电系统主要通过阴极入口处的风扇来实现空气的输送工作，在风扇为系统提供反应物的同时也会带走电堆中的热量，从而改变系统的运行温度，使得电堆的输出性能发生变化。

在第 3 章所搭建的空冷型燃料电池测控平台上测试电堆稳态极化特性，不同温度下系统的测试结果如图 4-1 所示，由结果可以看出，当负载电流增加时，系统输出电压逐渐下降，因此负载电流是影响系统输出性能的关键参数之一，且在较低负载电流 1～3A 范围内，温度对系统输出性能的影响并不明显，而在 4～8A 范围内电堆温度对系统最优输出性能的研究具有实际应用意义。

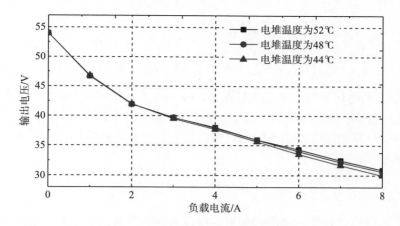

图 4-1　不同电堆温度下的系统极化曲线

3. 系统输出定量分析

空冷型燃料电池的电压损耗主要包括活化损耗、欧姆损耗和浓度极化损耗。由于 PEMFC 的系统结构特点，可以看成阴极压力等于大气压。同时，由于空冷型燃料电池的工作温度范围狭窄，可以认为水蒸气饱和压力与温度无关。在非标准条件下，可以使用式(4-1)计算 PEMFC 的可逆电压，即

$$V_{\text{cell}} = 1.229 - (8.5 \times 10^{-4})(T_{\text{fc}} - 298.15) + \frac{RT_{\text{fc}}}{2F}\left(\ln P_{\text{H}_2} - \frac{1}{2}\ln P_{\text{O}_2}\right) - V_{\text{act}} - V_{\text{ohm}} - V_{\text{con}} \quad (4\text{-}1)$$

式中，V_{cell} 为系统的电压；F 为法拉第常数，96487C/mol；T_{fc} 为 PEMFC 的工作温度；R 为理想气体常数，8.3144621J/(mol·K)；P_{H_2} 和 P_{O_2} 分别为阳极氢压和阴极氧压；V_{act} 为激活过电压；V_{ohm} 为欧姆过电压；V_{con} 为浓度差过电压。

根据 PEMFC 系统手册，电池组的氢侧压力为 0.45～0.55bar，空气侧与外部连接，压力可以近似于大气压。因此，对于空冷型燃料电池，电池电压主要与温度有关。

空冷型燃料电池的热行为通过集总系统的能量守恒方程建模。根据能量守恒定律，用于描述 PEMFC 温度动态的能量平衡可以通过以下方式给出[63,67,73,74]：

$$\frac{\text{d}Q_{\text{st}}}{\text{d}t} = H_{\text{gen}} + \frac{\text{d}Q_{\text{ca,eff}}}{\text{d}t} + \frac{\text{d}Q_{\text{an,eff}}}{\text{d}t} = \frac{\text{d}T_{\text{st}}}{\text{d}t} m_{\text{st}} \text{CP}_{\text{st}} \quad (4\text{-}2)$$

式中，m_{st} 为电堆质量；CP_{st} 为电堆的比热容(J/(kg·K))；T_{st} 为电堆温度(K)；H_{gen} 为电化学反应产生的热功率(W)；$Q_{\text{ca,eff}}$ 为阴极带入堆栈的热量(J)；$Q_{\text{an,eff}}$ 为阳极带入堆栈的热量(J)。

由于空冷型燃料电池的工作环境是低压环境，并且阴极和阳极气体的质量非常小，可以忽略阴极和阳极热变化的影响。电化学反应获得的能量和燃料电池产生的电能可以通过以下方式表示：

$$\begin{cases} E_{\text{react}} = N_{\text{cell}} E_{\text{equ}} I_{\text{st}} \\ W_{\text{el}} = I_{\text{st}} E_{\text{st}} \\ H_{\text{gen}} = E_{\text{react}} - W_{\text{el}} = I_{\text{st}} (N_{\text{cell}} E_{\text{equ}} - E_{\text{st}}) \end{cases} \tag{4-3}$$

式中，E_{react} 为电化学反应的能量转换总功率（W）；W_{el} 为电化学反应产生的电能（W）；N_{cell} 为单个电池的数量；E_{equ} 为单个电池的化学能。

不同的风扇电压会产生不同的风量，从而影响电堆的散热，因此其对电堆温度的影响如下：

$$W_{\text{fan}} = -\frac{\mathrm{d}T_{\text{st}}}{\mathrm{d}t} m_{\text{st}} \mathrm{CP}_{\text{st}} + I_{\text{st}} (N_{\text{cell}} E_{\text{equ}} - E_{\text{st}}) \tag{4-4}$$

风扇是将电能转换为动能的装置，可以看成小型直流电动机。直流电动机的速度特性可以表示为

$$n = \frac{U - I_{\text{a}} R_{\text{a}}}{K_{\text{e}} \Phi} \tag{4-5}$$

式中，R_{a} 为电枢电阻；n 为风扇速度；U 为风扇电压；I_{a} 为电枢电流；K_{e} 为恒定值；磁通 Φ 也是恒定的。

由于风扇的工作电压为 4V、5V、6V 和 7V，相应的电流消耗为 0.55A、0.68A、0.82A 和 0.96A。线性功能可用于适应不同电压下的风扇速度。

空气量可以表示为风扇的横截面积与风扇速度的乘积。已知空气量与散热成正比，由于风扇电压的变化范围较小，为了简化模型，通过线性函数拟合风量和散热量之间的关系。然后将公式写为

$$k_1 u + k_2 = I_{\text{st}} (N_{\text{cell}} E_{\text{equ}} - E_{\text{st}}) - \frac{\mathrm{d}T_{\text{st}}}{\mathrm{d}t} m_{\text{st}} \mathrm{CP}_{\text{st}} \tag{4-6}$$

式中，k_1 和 k_2 为两个未知量；I_{st} 为负载电流。

对式（4-6）的两侧进一步求导得

$$k_1 \frac{\mathrm{d}u}{\mathrm{d}t} = -\frac{\mathrm{d}^2 T_{\text{st}}}{\mathrm{d}t^2} m_{\text{st}} \mathrm{CP}_{\text{st}} \tag{4-7}$$

一般来说，燃料电池由 N_{cell} 个单电池组成，则净功率定义为

$$P_{\text{net}} = N_{\text{cell}} V_{\text{cell}} I_{\text{fc}} - P_{\text{aux}} \tag{4-8}$$

式中，I_{fc} 为燃料电池电堆电流；P_{aux} 为燃料电池辅机功率损耗。对于 PEMFC 发电系统，辅机的消耗功率约等于风扇的功耗 P_{fan}[67]，即 $P_{\text{aux}} \approx P_{\text{fan}}$，因此净功率可以写为

$$P_{\text{net}} = N_{\text{cell}} V_{\text{cell}} I_{\text{fc}} - P_{\text{fan}} \tag{4-9}$$

根据式（4-9），假设输出负载电流恒定，要使燃料电池的净功率达到最大值，

则输出电压应尽可能大，风扇的功耗应尽可能小。对于空冷型 PEMFC，风扇电压越低，辅机功率损耗就越低。结合式(4-1)，可以得到最大净功率工作点与工作温度，负载电流和风扇功率损耗有关。

4.1.2　净功率特性分析

对于空冷型 PEMFC 发电系统，辅机功耗主要表现为风扇的功率损耗。当燃料电池运行时，负载电流的突然变化将改变电池组中的电化学反应速率，这将导致燃料电池中热量发生变化。当风扇电压增加时，它将带走更多的热量，降低燃料电池的温度。而电堆的工作温度太低，不能完全激活催化剂膜电极的活性。同时，它会减弱水的蒸发并导致水在阳极反应过程中积聚，从而导致阳极水淹现象，降低系统的输出净功率，并产生更多的辅机系统功耗。相反，当风扇电压降低时，燃料电池温度升高。当燃料电池温度太高时，阴极催化层将产生膜干燥现象，这将阻碍电子的正常流动，然后对整个 PEMFC 发电系统和电堆本身的输出功率造成破坏性影响。为了达到系统的最大净输出点，在空冷型燃料电池实验平台上测试了不同负载电流的净功率，并绘制了净功率曲线，具体测试步骤如下：

(1)参照 PEMFC 运行手册，启动电堆并逐步调节负载电流至其最大允许上限 8A，在该负载电流下保持电堆稳定运行一定时间，充分活化电堆内部反应物。

(2)调整风扇控制电压至系统允许范围内的最大值，让风扇充分吹扫电堆，带走尽可能多的热量，使得电堆达到当前负载电流下的最低温度。

(3)在当前最低温度下保持此风扇电压稳定吹扫一定时间，使电堆温度达到平衡状态，记录整个运行过程中的负载电流、输出电压和电堆温度。

(4)若输出电压低于前一风扇电压测试下的输出电压，则进行步骤(6)，否则调整风扇电压，降低吹扫速度，使电堆温度上升。

(5)重复步骤(3)。

(6)改变负载电流，进入下一个测试条件，重复步骤(1)直至测完所有测试负载电流点。

测试得到的不同负载下的系统输出功率曲面如图 4-2 所示。由图可以看出，在系统稳定运行期间，温度上升时，系统的净输出功率增加，这说明此时温度上升对空冷型燃料电池的输出性能产生积极影响。但是，随着温度继续升高，电堆膜逐渐变干，系统输出净功率开始下降。当温度达到 52℃附近时，空冷型燃料电池的输出净功率将开始急剧下降。从分析中可以看出，当工作温度达到 50℃附近时，系统具有最大的净输出功率。如图 4-2 所示，在不同的输出电流下，PEMFC 发电系统的净功率首先增加，然后随着温度升高而降低，输出电流越大，这种现象越明显。

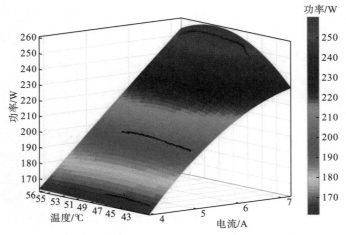

图 4-2　不同负载下系统输出功率的实验结果

　　在 5A 负载电流下，T_{fc} 对净功率的影响如图 4-3 所示。如图所示，最大效率点出现在 T_{fc}=49.2℃时。当系统在 40～52℃下运行时，通过将温度设定点从 40℃调整到 52℃，净功率可以增加 3.1%。最大净功率点附近的动态特性如图 4-3 所示。因此可以得出结论，只要 T_{fc} 在温度设定点附近稳定，空冷型燃料电池发电系统的净功率将保持在稳定值附近，系统将在输出最大净功率点处可靠运行。

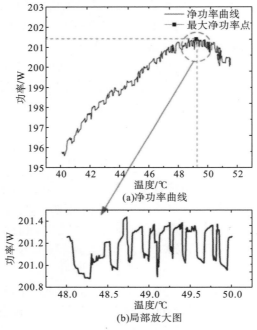

图 4-3　负载电流为 5A 时系统净功率曲线

4.2　净功率优化控制技术

4.2.1　基于最大净功率的空冷型燃料电池发电系统控制

　　根据 4.1 节空冷型燃料电池发电系统的最大净功率特性可知，收集到的实时运行参数电堆温度 T_{fc}、电堆电压 V_{fc}、电堆电流 I_{fc}、辅机消耗功率 P_{aux} 和 PEMFC 发电系统的净功率，通过拟合可以得到系统的净功率曲面。根据燃料电池性能实验，当电堆的输出负载电流恒定时，在当前工作条件下系统的最大净功率点与电堆温度和风扇电压有关[63,66]。电堆温度和风扇电压之间存在强耦合，这是由于风扇电压会影响燃料电池内部的热量，进一步影响 PEMFC 的净功率控制效果[71,75]。减小风扇产生的辅机功率将在实验结果和讨论部分中进一步说明。通过反复测试，发现燃料电池负载电流为 4～7A 时，燃料电池散热风扇的工作电压在 4～7V，此时燃料电池散热风扇的功耗在 2～4.5W。通过处理测量结果的数据，可以获得电堆的每个负载电流的最大净功率输出点的输出功率及其对应的参考温度[71,72,76,77]。

　　最大净功率调节器用数学公式表示如式(4-10)所示，T_{ref} 为参考温度；最大净功率三维拟合曲面如图 4-4 所示。

$$P = -0.9751I_{stack}^2 + 0.04814T_{ref}^2 + 0.4517I_{stack}T_{ref} \tag{4-10}$$

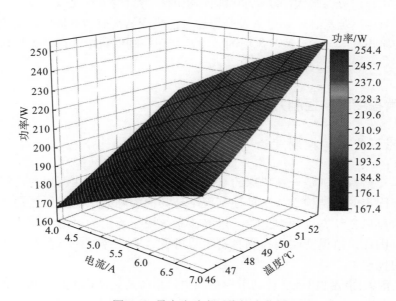

图 4-4　最大净功率三维拟合曲面

为了提高空冷型燃料电池发电系统的净输出功率，本节首先提出基于最大净功率的滑模变结构控制(sliding mode variable structure control，SMVSC)策略，采用滑模控制代替传统的 PID 控制，并利用最大净功率调节器进行最优温度寻优，快速寻找最大净功率点，从而减少传统控制器单独作用下燃料电池发电系统的动态响应时间，控制结构框图如图 4-5 所示。该控制策略将最大净功率调节器输出即为控制输入的参考值 T_{ref} 作为闭环控制的输入，通过调节风扇的控制电压作为控制信号，实现对风扇输出气体流量的控制。

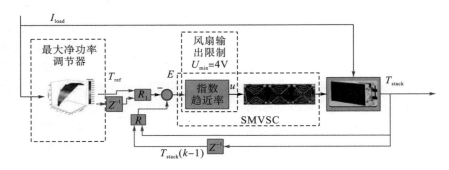

图 4-5　基于最大净功率的滑模变结构控制框图

根据当前负载电流和温度，可以从最大净功率调节器获得系统在当前工作条件下的最大净功率点。通过最大净功率调节器找到相应的参考温度，并将当前燃料电池的工作温度与最大净功率调节器输出的参考温度进行比较，以获得控制器的误差信号 e，误差信号 e 输入控制器通过滑模变结构控制器输出风扇电压。调整风扇控制电压(4～7V)调节风扇的转速，从而控制燃料电池在最大净功率点附近工作。

4.2.2　滑模变结构控制方法

1. 滑模变结构控制理论

滑模变结构控制是一种特殊的非线性控制，其中非线性表示为控制间断。系统的不固定的"结构"是这种控制策略与其他控制方法的主要区别，其控制状态参数可以在动态过程中更改，最终该系统根据给定的"滑动模式"状态轨迹移动。因此，滑模变结构控制具有参数可变、响应速度快以及对干扰的敏感性较低的优点。

线性滑模面经常出现在普通滑模控制中，系统达到滑模面后，该滑模面可以通过选择滑模面参数矩阵调整收敛速度使得跟踪误差逐渐收敛到零。但从理论上分析，状态跟踪误差一直存在。为了弥补这一缺点，采用滑模变结构控制，可以快速响应输入变化。滑模变结构控制由两部分组成：滑模面和等效控制率。为了使 PEMFC 发电系统达到最大净功率点，系统的工作温度需要控制在最大净功率调节器给出的参考温度点。

考虑 PEMFC 控制的系统：

$$\frac{\mathrm{d}^2 T}{\mathrm{d}t^2} = f(T,t) - b\Delta u(t) \tag{4-11}$$

其中，b 是经验系数。根据式(4-11)和式(4-10)，在某些电流条件下，燃料电池电堆温度的变化大约为零。燃料电池电堆温度变化主要由风扇电压决定，因此 $f(T,t)=0$。经过多次实验，$b=10$ 具有较好的控制效果。

2. 滑模面设计

基于滑模变结构控制的 PEMFC 发电系统滑模面设计为

$$\begin{cases} R = [T_{\text{stack}}, \Delta T_{\text{stack}}] \\ R_1 = [T_{\text{ref}}, \Delta T_{\text{ref}}] \end{cases}$$
$$\begin{cases} e = R - R_1 \\ W = [w, \dot{w}] \end{cases} \tag{4-12}$$
$$s = cw + \frac{\mathrm{d}w}{\mathrm{d}t}$$

由式(4-12)可以看出，当 $s = 0$ 时，收敛结果为 $w = w(0)\,\mathrm{e}^{-ct}$。还可以看出，常数 c 越大，逼近速度越快。当 $t \to \infty$ 时，误差指数收敛到零，并且收敛速度取决于 c。因此，误差函数 s 的收敛可以表示位置跟踪误差 e 和速度跟踪误差 $\mathrm{d}w$ 的收敛。

为了满足该点随时可以最终到达 $s=0$ 的切换表面的要求，必须存在一个滑模可及性条件：

$$\lim_{s \to 0^+} s\frac{\mathrm{d}s}{\mathrm{d}t} \leqslant 0 \tag{4-13}$$

李雅普诺夫(Lyapunov)函数的定义如下：

$$\begin{cases} V = \dfrac{1}{2} s^2 \\ \dfrac{\mathrm{d}V}{\mathrm{d}t} = s\dfrac{\mathrm{d}s}{\mathrm{d}t} \end{cases} \tag{4-14}$$

系统到达滑模面后，需要稳定在滑模面上，表明 PEMFC 发电系统在参考工作温度点附近是稳定的。因此，根据式(4-13)，Lyapunov 函数必须满足 $\mathrm{d}V<0$。

本节设计一种基于指数趋近律的滑模变结构控制方法。其中,滑模运动由滑模方向运动和渐近运动两个过程组成。系统从接近滑模面的初始状态到滑模面的运动称为滑模方向运动。在滑模面上运动并使得跟踪误差逐渐缩减到零的运动称为滑模的渐近运动。由于滑模的可达性条件,只能保证状态空间中移动点可以在一定的时间内到达滑模面,因此需要选择合适的滑模趋近律来提高滑模趋近运动的动态响应[12,78-82]。对于 PEMFC 发电系统,不同负载电流条件下的最大净功率点差异很大,本节采用适用于解决具有较大阶跃响应的控制问题的指数趋近法作为滑模运动律:

$$\mathrm{d}s = -ks \tag{4-15}$$

式(4-15)为指数趋近律公式,其解为 $s = s(0)\,\mathrm{e}^{-kt}$。

从式(4-15)中可以看出,常数 k 越大,趋近加速度越大。在指数趋近法中,趋近速度从一个较大的值快速减小到接近于零,这不仅缩短了趋近时间,而且使移动点到达滑模面附近时的速度非常小。将移动点移动到接近滑模面的过程称为渐近过程。由于趋近速度无法降低为零(无法保证在有限的时间内到达),必须添加一个恒速趋近项 $-\varepsilon\,\mathrm{sgn}(s)$,以保证当 $s \to 0$ 时,趋近速度为

$$\mathrm{d}s = -\varepsilon\,\mathrm{sgn}(s) - ks \tag{4-16}$$

式中, $\varepsilon = 0.1$。显然,指数趋近律满足滑模到达条件 $s\mathrm{d}s < 0$。

根据滑模方程可得

$$
\begin{aligned}
\frac{\mathrm{d}s}{\mathrm{d}t} &= c\frac{\mathrm{d}w}{\mathrm{d}t} + \frac{\mathrm{d}^2 w}{\mathrm{d}t^2} \\
&= c\left(\frac{\mathrm{d}T_{\mathrm{stack}}}{\mathrm{d}t} - \frac{\mathrm{d}T_{\mathrm{ref}}}{\mathrm{d}t}\right) + \left(\frac{\mathrm{d}^2 T_{\mathrm{stack}}}{\mathrm{d}t^2} - \frac{\mathrm{d}^2 T_{\mathrm{ref}}}{\mathrm{d}t^2}\right) \\
&= c\left(\frac{\mathrm{d}T_{\mathrm{stack}}}{\mathrm{d}t} - \frac{\mathrm{d}T_{\mathrm{ref}}}{\mathrm{d}t}\right) + \left(f(T,t) - b\Delta u(t) - \frac{\mathrm{d}^2 T_{\mathrm{ref}}}{\mathrm{d}t^2}\right)
\end{aligned}
\tag{4-17}
$$

结合式(4-15)和式(4-16),可得

$$-\varepsilon\,\mathrm{sgn}(s) - ks = c\left(\frac{\mathrm{d}T_{\mathrm{stack}}}{\mathrm{d}t} - \frac{\mathrm{d}T_{\mathrm{ref}}}{\mathrm{d}t}\right) + \left(f(T,t) - b\Delta u(t) - \frac{\mathrm{d}^2 T_{\mathrm{ref}}}{\mathrm{d}t^2}\right) \tag{4-18}$$

基于指数趋近法的滑模控制器为

$$\Delta u(t) = \frac{1}{b}\varepsilon\,\mathrm{sgn}(s) + ks + c\left(\frac{\mathrm{d}T_{\mathrm{stack}}}{\mathrm{d}t} - \frac{\mathrm{d}T_{\mathrm{ref}}}{\mathrm{d}t}\right) - \frac{\mathrm{d}^2 T_{\mathrm{ref}}}{\mathrm{d}t^2} \tag{4-19}$$

一阶平滑模型用于设计上升时间 T_{r}:

$$
\begin{cases}
T_{\mathrm{r}} = \alpha T_{\mathrm{ref}} + (1-\alpha)T_{\mathrm{stack}} \\
\Delta T_{\mathrm{r}} = (T_{\mathrm{r}} - T_{\mathrm{stack}})/(ts)
\end{cases}
\tag{4-20}
$$

式中，α 为扩散因子。参考模型的主要作用是使发电系统的当前运行温度平稳过渡到当前最佳温度值。

当系统温度高于参考温度且温度扰动大于零，即滑模面 $s<0$ 时，风扇电压 u 应比前一时刻增加。系统温度低于参考温度，温度干扰小于零，即滑模面 $s>0$，此时风扇电压 u 应从前一时刻降低。为了满足此条件，风扇电压为

$$U_{fan} = U + \Delta u \tag{4-21}$$

式中，U 为前一时刻的风扇电压。

4.2.3　实验对比分析

为了验证 SMVSC 和最大功率调节器的优越性，在第 2 章搭建的 300W 空冷型燃料电池测试平台上开展对比测试，具体测试步骤如下：①电堆参考温度从最大功率调节器输出，分别由 PID 和 SMVSC 控制，并改变外部负载电流以观察电堆输出净功率；②分别运行在最大功率调节器输出电堆参考温度和使用燃料电池电堆手册建议的电堆参考温度下，由 SMVSC 控制电堆的输出性能，并更改外部负载电流以观察两种参考温度下电堆的净输出功率。为确保电堆在测试过程中正常工作，将电堆氢气进气压力设定为 0.5bar，排气周期设定为 10s，持续时间为10ms。

1. SMVSC 控制效果图

为了验证 SMVSC 的优越性，设计对比实验对比 SMVSC 和 PID 的控制效果。首先通过最大净功率调节器输出电堆的参考温度，在相同的电堆参考温度下，分别由 PID 和 SMVSC 控制 PEMFC 发电系统，并进行负载电流加减载测试，测试外部负载变化条件的系统响应，对比 SMVSC 和 PID 控制的输出特性。

SMVSC 的稳态误差在 -0.19～0.24℃ 范围内，控制精度可以达到 PEMFC 发电系统的控制目标。加减载阶跃过程中的过冲非常小，可以有效满足系统的运行稳定性。当系统趋于稳态时，系统的净输出功率曲线趋于平坦，只有由废气排放时引起的很小的电压抖动。这表明此时 PEMFC 发电系统的输出特性基本是稳定的，由风扇电压的变化带来的影响比较微弱。电堆的工作温度保持稳定，说明 PEMFC 发电系统在不同的负载电流条件下，可以在最大净功率点稳定运行。由于负载电流的变化通常被认为是对系统的干扰，实验中采用了电流阶跃变化的极端负载突变作为加减载的实验条件。由图 4-6 和图 4-7 可以看出，在每个负载电流阶跃处，电堆温度和输出净功率都满足快速响应并在不同的负载电流条件下达到 PEMFC 发电系统的最大净功率点，这表明系统具有较高的可靠性。

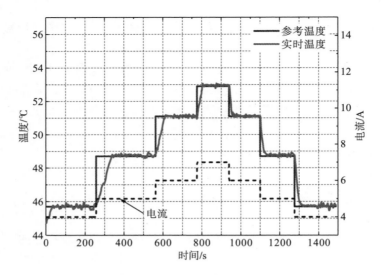

图 4-6 SMVSC 系统温度动态跟踪响应

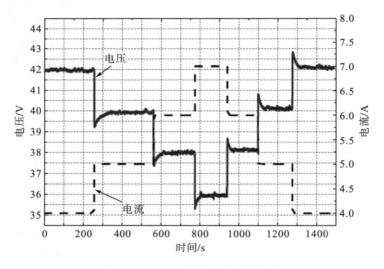

图 4-7 SMVSC 的输出电压和电流

　　为了充分比较 SMVSC 和 PID 的控制效果，采用极限负载变化的阶跃变化。风扇的电压曲线如图 4-8 所示，电流阶跃变化点在图 4-8 中以虚线区域标记。当负载电流逐步上升时，在 SMVSC 下的风扇电压迅速下降至 4V，从而使 PEMFC 更快地上升至参考温度点。当负载电流逐步降低时，在 SMVSC 下的风扇电压迅速上升至 7V。当负载电流恒定时，SMVSC 的风扇电压低于 PID 控制的风扇电压，这说明 SMVSC 的风扇的功率损耗比 PID 控制的风扇功率损耗小。为了进一步说明两种控制方法的输出效果，图 4-9 比较了两种方法下的电堆温度的响应特性。

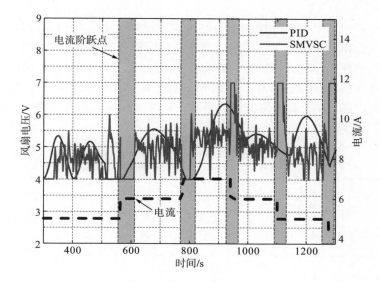

图 4-8　风扇电压电流曲线

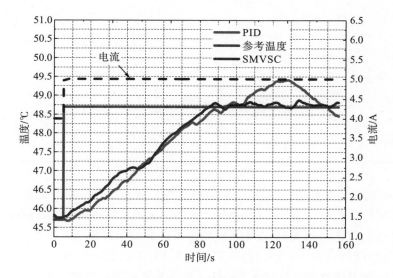

图 4-9　SMVSC 与 PID 控制下电堆的电流及温度响应

　　当负载电流变化时，PID 控制的上升时间接近于 SMVSC，但是前者在迅速达到期望的工作点后具有明显的过冲，与 SMVSC 相比，PID 控制的电堆实时温度与电堆参考温度的温差相差更大。图 4-9 为负载电流从 4A 变为 5A 后的电堆温度响应曲线。与 PID 控制相比，SMVSC 引起的电堆温度过冲较小，温度的变化范围为−0.648%～0.64%。

　　与其他控制相比，SMVSC 和 PID 控制不依赖于模型，在实际工程中应用更为广泛。为了定量分析两种控制的控制性能，选取了上升时间 T_r 和超调量 P.O. 两个动态响应指标来描述系统的响应速度和响应偏差。表 4-1 中显示了两种控制方法下系统的性能指标。以 5A→6A 加载过程为例：与 PID 控制相比，SMVSC 将超调量从 3.9%降低到 0.39%，同时系统的上升时间从 26s 缩短到 23s，提高了系统的响应速度。在负载电流减载的条件下，以 7A→6A 为例，SMVSC 的超调量从 1.2%降低到零。

表 4-1　SMVSC 与 PID 控制效果对比

加载电流	参考温度 $T_{ref}/℃$	控制方法	上升时间 T_r/s	超调量 P.O./%
4A→5A	48.7	SMVSC	32	0.14
		PID	34	1.4
5A→6A	51.1	SMVSC	23	0.39
		PID	26	3.9
6A→7A	52.9	SMVSC	12	0.37
		PID	12	3.8
7A→6A	51.1	SMVSC	5	0
		PID	8	1.2
6A→5A	48.7	SMVSC	14	0.2
		PID	16	4.1
5A→4A	45.7	SMVSC	20	0.87
		PID	23	2.8

表 4-1 的实验数据可以说明，SMVSC 的响应速度快，控制效果好。实验结果表明在不同的负载电流条件下，PEMFC 发电系统的温度超调量均有所降低，有效避免了温度超调量对 PEMFC 发电系统输出性能和使用寿命产生的不可逆的影响。从以上分析可以看出，SMVSC 能够有效抑制 PEMFC 发电系统的实时温度过冲，缩短了系统的响应时间，有利于 PEMFC 发电系统长期有效稳定地运行。

2. 基于最大净功率调节器和电堆自带控制器的净功率输出对比

为了验证最大净功率调节器的优越性，通过 SMVSC 分别控制在最大功率调节器输出参考温度和电堆自带控制器的建议工作温度下进行实验，以观察燃料电池的净输出功率，两种方法的比较结果如图 4-10 所示。

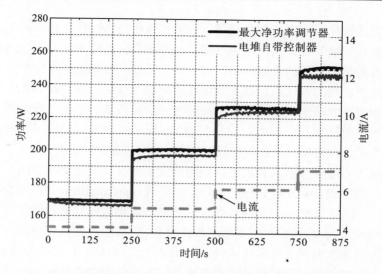

图 4-10　最大净功率调节器与电堆自带控制器输出功率的比较

由图 4-10 可以看出，在最大净功率调节器输出的参考温度下，PEMFC 净功率输出明显高于工作在电堆自带控制器给出的参考温度下的净输出功率。在负载电流变化为 4A→7A 条件下，基于最大净功率调节器与电堆自带控制器参考温度下的净功率输出相比，基于最大净功率调节器的控制策略分别提高了 1.7%、2.6%、2.2%，平均提高了 2.2%。在负载电流变化为 4A→5A 的工作条件下，电堆自带控制器将电堆工作温度控制在 48℃。随着电流的增加，与工作在最大净功率调节器的参考温度下的电堆净输出功率相比，工作在电堆自带控制器下的电堆净输出功率增加量很小，此时电流的增加是两者之间净功率差增加的主要因素。在 5A→6A 负载电流变化实验中，电堆自带控制器将电堆温度控制为 50℃，接近最大净功率调节器输出的参考温度，此时两者之间的净功率增加量接近。

4.3　基于在线辨识模型的空冷型燃料电池发电系统优化控制

4.3.1　空冷型燃料电池发电系统的动态线性化数据模型

1. 非线性系统的动态线性化方法

对于非线性系统，其本质是非常复杂的，难以通过精准的表达式实现精准控制，往往都是对真实系统的一种逼近，通常需要利用线性化方法将系统转换成某一类模型，再继续对其进行后续的控制器设计。经典的线性化方法包括泰勒线性化[91]、反馈线性化[92]和分段线性化等。泰勒线性化是通过在工作点附近对非线性函数的泰勒级数展开得到线性化逼近模型，需要舍去高阶部分。反馈线性化是通过建立输入和输出之间的直接联系，需要基于精准的数学模型实现线性化。分段线性化需要更多段的系统信息以实现逐段的泰勒线性化。这些线性化方法大都依赖被控对象精准的数学模型或忽略了线性化之后对系统的影响，设计该类控制器需要大量的参数计算及后期维护，并不适合实际非线性系统的应用。因此，需要从非线性系统本身控制目的出发，设计简单、易调节的线性化方法。

目前基于系统实际输入和输出数据的增量形式设计的等价动态线性化模型主要有三种：紧格式(compact form，CF)、偏格式(partial form，PF)和全格式(full form，FF)。其中，紧格式动态线性化方法是将一般离散时间非线性系统转换成含有一个时变参数 $\phi_c(k)$ 的线性时变动态数据模型，原离散线性系统中所有可能存在的复杂行为都被映射到时变参数 $\phi_c(k)$ 中，因此 $\phi_c(k)$ 的动态特性会变得较为复杂，不易于进行参数估计，同时紧格式动态线性化方法仅考虑系统在下一时刻的输出变量与当前时刻的输入变量之间的时变动态特性，未能将其他时刻的动态特性紧密结合。全格式线性化则考虑了当前时刻某一时间段内的所有控制输入变量和系统输出变量对下一时刻输出变量的影响，数据模型需要更多的时变参数向量构成，具有较高的模型阶数，即增加了算法的复杂度。因此，为了更精准地捕获空冷型燃料电池发电系统的复杂动态，同时不增加控制算法的复杂度，采用目的在于控制系统设计的等价动态线性化方法——偏格式动态线性化方法，将非线性的空冷型燃料电池发电系统等价转换为基于输入/输出增量形式的动态线性化数据模型。

2. 基于偏格式动态线性化(PFDL)的数据模型

为使空冷型燃料电池发电系统的电堆输出性能最优，要使其运行在最优输出性能点对应的温度处，需通过控制电堆风扇电压调整风扇转速，使得空气流通速度改变从而改变电堆实时的运行温度。因此，通过风扇控制电压与电堆运行温度可建立如式(4-22)所示非线性系统的动态模型：

$$y(k+1) = f(y(k),\cdots,y(k-n_y),u(k),\cdots,u(k-n_u)) \tag{4-22}$$

式中，$u(k),y(k) \in \mathbf{R}$ 分别为系统在 k 时刻的输入和输出，表示 k 时刻的风扇电压和电堆运行温度；$n_y,n_u \in \mathbf{Z}$ 分别为系统的阶数；$f(\cdot)$ 为非线性函数。

将该模型称为系统的泛模型。该非线性系统实现偏格式线性化需满足以下假设。

假设 4.1　关于系统的有界期望输出 $\tilde{y}(k+1)$，存在能使系统按照期望输出值输出的一个有界输入控制信号 $u(k)$。

假设 4.2　$f(\cdot)$ 分别关于 $u(k),u(k-1),\cdots,u(k-L+1)$ 存在连续偏导数。

假设 4.3　系统 (4-22) 是广义利普希茨 (Lipschitz) 的，即对任意两个不同的 k_1、k_2，均满足：

$$\left| y(k_1+1) - y(k_2+1) \right| \leqslant M \left\| \boldsymbol{U}_L(k_1) - \boldsymbol{U}_L(k_2) \right\| \tag{4-23}$$

式中，$y(k_i+1) = f(y(k_i), y(k_i-1), \cdots, y(k_i-n_y), u(k_i), u(k_i-1), \cdots, u(k_i-n_u))$，$i=1,2,\cdots$，$M$ 为一个大于零的常数；$\boldsymbol{U}_L(k_i) \in \mathbf{R}^L$ 是由滑动时间窗 $[k-L+1,k]$ 内的所有控制输入信号组成的向量，即 $\boldsymbol{U}_L(k_i) = [u(k), u(k-1), \cdots, u(k-L+1)]$；$L \in \mathbf{Z}^+$ 为控制输入线性化长度常数。

当以上假设均成立时，对某个给定的正整数 L，必然存在一个时变参数向量 $\boldsymbol{\Phi}(k)$，当 $\Delta \boldsymbol{U}_L(k) = \boldsymbol{U}_L(k) - \boldsymbol{U}_L(k-1)$ 时，非线性系统可以转化为如式 (4-24) 所示基于 PFDL 的数据模型：

$$\Delta y(k+1) = \boldsymbol{\Phi}^{\mathrm{T}}(k) \Delta \boldsymbol{U}_L(k) = [\phi_1 \quad \phi_2 \quad \cdots \quad \phi_L] \begin{bmatrix} u(k) \\ u(k-1) \\ \vdots \\ u(k-L+1) \end{bmatrix} \tag{4-24}$$

式中，$\boldsymbol{\Phi}(k) = [\phi_1(k), \phi_2(k), \cdots, \phi_L(k)]^{\mathrm{T}}$，称为伪梯度 (pseudo gradient, PG) 向量，$\phi_i(k)$ ($i=1,2,\cdots,L$) 称为偏导数，所转化得到的式 (4-24) 又称该系统的泛模型，且由假设 4.3 可知，取任意时刻 k 时，$\boldsymbol{\Phi}(k)$ 均是有界的，即 $\|\boldsymbol{\Phi}(k)\| \leqslant b$。

3. 理论证明

由非线性模型 (4-22) 可以得到相邻两个时刻的输出变化，如式 (4-25) 所示：
$$\begin{aligned} \Delta y(k+1) &= f(y(k), \cdots, y(k-n_y), u(k), u(k-1), \cdots, u(k-n_u)) \\ &\quad - f(y(k-1), \cdots, y(k-n_y-1), u(k-1), u(k-2), \cdots, u(k-n_u-1)) \end{aligned} \tag{4-25}$$

对式 (4-25) 进行如式 (4-26) 所示变换：
$$\begin{aligned} \Delta y(k+1) &= f(y(k), \cdots, y(k-n_y), u(k), u(k-1), \cdots, u(k-n_u)) \\ &\quad - f(y(k), \cdots, y(k-n_y), u(k-1), u(k-2), \cdots, u(k-n_u)) \\ &\quad + f(y(k), \cdots, y(k-n_y), u(k-1), u(k-2), \cdots, u(k-n_u)) \\ &\quad - f(y(k-1), \cdots, y(k-n_y-1), u(k-1), u(k-2), \cdots, u(k-n_u-1)) \end{aligned} \tag{4-26}$$

已知满足假设 4.2，则由柯西中值定理可知，式 (4-26) 可写为式 (4-27) 的形式：
$$\begin{aligned} \Delta y(k+1) &= \frac{\partial f'}{\partial u(k)} \Delta u(k) \\ &\quad + f(y(k), \cdots, y(k-n_y), u(k-1), u(k-2), \cdots, u(k-n_u)) \\ &\quad - f(y(k-1), \cdots, y(k-n_y-1), u(k-1), u(k-2), \cdots, u(k-n_u-1)) \end{aligned} \tag{4-27}$$

式中，$\dfrac{\partial f'}{\partial u(k)}$ 表示在 $[y(k), y(k-1), \cdots, y(k-n_y), u(k-1), u(k-2), \cdots, u(k-n_u)]^{\mathrm{T}}$ 和 $[y(k),$

$y(k-1),\cdots,y(k-n_y),u(k),u(k-1),\cdots,u(k-n_u)]^{\mathrm{T}}$ 之间某点 $f(\cdot)$ 关于第 n_y+2 个变量的偏导数的值。

由非线性模型(4-22)可得 $y(k)$ 的表达式,将 $y(k)$ 代入式(4-27)并定义式(4-28)和式(4-29)为如下所示:

$$\psi_1(y(k-1),y(k-2),\cdots,y(k-n_y-1),u(k-1),u(k-2),\cdots,u(k-n_u-1))$$

$$\stackrel{\mathrm{def}}{=} f(f(y(k-1),y(k-2),\cdots,y(k-n_y-1),u(k-1),\cdots,u(k-n_u-1)),$$

$$y(k-1),y(k-2),\cdots,y(k-n_y),u(k-1),u(k-2),\cdots,u(k-n_u))$$

$$-f(y(k-1),y(k-2),\cdots,y(k-n_y-1),u(k-1),\cdots,u(k-n_u-1)) \quad (4\text{-}28)$$

$$\psi_2(y(k-2),y(k-3),\cdots,y(k-n_y-2),u(k-2),u(k-3),\cdots,u(k-n_u-2))$$

$$\stackrel{\mathrm{def}}{=} \psi_1(f(y(k-2),y(k-3),\cdots,y(k-n_y-2),u(k-2),u(k-3),\cdots,u(k-n_u-2)),$$

$$y(k-2),y(k-3),\cdots,y(k-n_y-1),u(k-2),u(k-3),\cdots,u(k-n_u-1)) \quad (4\text{-}29)$$

将式(4-28)和式(4-29)代入式(4-27)可得式(4-30):

$$\Delta y(k+1) = \frac{\partial f'}{\partial u(k)}\Delta u(k)$$

$$+\psi_1(y(k-1),y(k-2)\cdots,y(k-n_y-1),u(k-1),u(k-2),\cdots,u(k-n_u-1))$$

$$-\psi_1(y(k-1),y(k-2)\cdots,y(k-n_y-1),u(k-2),u(k-2),\cdots,u(k-n_u-1))$$

$$+\psi_1(y(k-1),y(k-2),\cdots,y(k-n_y-1),u(k-2),u(k-2),\cdots,u(k-n_u-1))$$

$$= \frac{\partial f'}{\partial u(k)}\Delta u(k) + \frac{\partial \psi_1'}{\partial u(k-1)}\Delta u(k-1)$$

$$+\psi_2(y(k-2),y(k-3),\cdots,y(k-n_y-2),u(k-2),u(k-3),\cdots,u(k-n_u-2))$$

$$(4\text{-}30)$$

式中,$\dfrac{\partial \psi_1'}{\partial u(k-1)}$ 表示在 $[y(k-1),\ y(k-2),\cdots,\ y(k-n_y-1),\ u(k-2),\ u(k-3),\cdots,$ $u(k-n_u-1)]^{\mathrm{T}}$ 和 $[y(k-1),y(k-2),\cdots,y(k-n_y-1),\ u(k-1),\ u(k-2),\cdots,u(k-n_u-1)]^{\mathrm{T}}$ 之间某点 $f(\cdot)$ 关于第 n_y+2 个变量的偏导数的值。

经过多次代入可以得到相邻两个时刻的输出变化最终可表示为

$$\Delta y(k+1) = \frac{\partial f'}{\partial u(k)}\Delta u(k) + \frac{\partial \psi_1'}{\partial u(k-1)}\Delta u(k-1) + \frac{\partial \psi_2'}{\partial u(k-2)}\Delta u(k-2)$$

$$+\cdots+\frac{\partial \psi_{L-1}'}{\partial u(k-L+1)}\Delta u(k-L+1)$$

$$+\psi_L(y(k-L),y(k-L-1),\cdots,y(k-n_y-L),u(k-L),$$

$$u(k-L-1),\cdots,u(k-n_u-L)) \quad (4\text{-}31)$$

式中,

$$
\begin{cases}
\psi_i(y(k-i),y(k-i-1),\cdots,y(k-n_y-i),u(k-i),u(k-i-1),\cdots,u(k-n_u-i))\\
\overset{\text{def}}{=}\psi_{i-1}(f(y(k-i),y(k-i-1),\cdots,y(k-n_y-i),u(k-i),u(k-i-1),\cdots,u(k-n_u-i)),\\
\quad y(k-i),y(k-i-1),\cdots,y(k-n_y-i+1),u(k-i),u(k-i),\cdots,u(k-n_u-i+1))\\
i=2,3,\cdots,L
\end{cases}
$$

当 $i=L$ 时，有

$$
\psi_L(y(k-L),y(k-L-1),\cdots,y(k-n_y-L),u(k-L),u(k-L-1),\cdots,u(k-n_u-L))
$$
$$
=\boldsymbol{A}^{\mathrm{T}}(k)[\Delta u(k),\cdots,\Delta u(k-L+1)]^{\mathrm{T}}=\boldsymbol{A}^{\mathrm{T}}(k)\Delta\boldsymbol{U}_L(k) \tag{4-32}
$$

已知 $\|\Delta\boldsymbol{U}_L(k)\|\neq0$，式 (4-32) 至少存在一个解 $\boldsymbol{A}_0$ 使其成立，令 $\boldsymbol{\Phi}(k)=\boldsymbol{A}_0(k)+$ $\left[\dfrac{\partial f'}{\partial u(k)},\dfrac{\partial\psi_1'}{\partial u(k-1)},\cdots,\dfrac{\partial\psi_{L-1}'}{\partial u(k-L+1)}\right]^{\mathrm{T}}$，则可以得到基于 PFDL 的数据模型，如式 (4-25) 所示。

通过分析可以看出，在 L 一定的情况下，系统的伪梯度向量并不唯一，且选取不同的 L 会产生不同的数据模型，因此 L 的合理选择是提高线性化对原系统描述准确度的关键。

4.3.2　基于偏格式动态线性化的 MFAPC 控制器设计

因空冷型燃料电池发电系统具有时滞特性，需要结合预测控制来实现更好的控制效果。预测控制是利用模型预测被控对象在预测时域中的输出，采用滚动推移的方式，由最小化滑动窗口内的指标函数求解得到某一控制输入序列，将该序列首个控制信号作用于被控对象，最后将控制过程中的误差信息不断反馈给系统进行控制器的校正，实现在线跟踪系统的参考轨迹。预测控制在复杂的工业过程中显现出良好的控制性能。由 4.3.1 节得到的基于 PFDL 的数据模型，结合预测控制中的滚动优化的特点，可以得到无模型自适应预测控制 (model-free adaptive predictive control，MFAPC) 策略，其原理框图如图 4-11 所示。

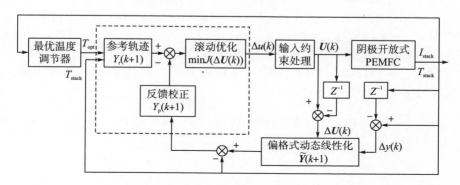

图 4-11　无模型自适应预测控制的原理框图

1. 预测模型

预测模型主要是根据被控对象的历史输入、输出数据来对其未来输出进行预测的，它不强调模型的结构形式，任意可以展现系统的未来动态行为的表现形式都可作为预测模型。在 MFAPC 策略中，经由 PFDL 得到的数据模型可以作为下一时刻系统的预测输出，通过反复迭代可以得到一系列预测输出，将其整理后作为控制策略的预测模型。

系统(4-22)的一步向前输出预测输出方程可以由系统泛模型(4-24)在 $k+1$ 时刻的输出表示，即

$$\tilde{y}(k+1) = y(k) + \phi_1 \Delta u(k) + \phi_2 \Delta u(k-1) + \cdots + \phi_L \Delta u(k-L+1) \qquad (4\text{-}33)$$

同理，向前 N 步预测输出方程可以写为

$$
\begin{aligned}
\tilde{y}(k+2) &= y(k+1) + \phi_1 \Delta u(k+1) + \phi_2 \Delta u(k) + \cdots + \phi_L \Delta u(k-L+2) \\
&= y(k) + \phi_1 \Delta u(k+1) + (\phi_1 + \phi_2)\Delta u(k) + (\phi_2 + \phi_3)\Delta u(k-1) + \cdots \\
&\quad + (\phi_{L-1} + \phi_L)\Delta u(k-L+2) + \phi_L \Delta u(k-L+1)
\end{aligned}
$$

$$\vdots$$

$$
\begin{aligned}
\tilde{y}(k+L) &= y(k+L-1) + \phi_1 \Delta u(k+L-1) + \phi_2 \Delta u(k+L-2) + \cdots + \phi_L \Delta u(k) \\
&= y(k) + \phi_1 \Delta u(k+L-1) + (\phi_1 + \phi_2)\Delta u(k+L-2) + \cdots + (\phi_1 + \phi_2 + \cdots \\
&\quad + \phi_L)\Delta u(k) + (\phi_2 + \cdots + \phi_L)\Delta u(k-1) + (\phi_3 + \cdots + \phi_L)\Delta u(k-2) + \cdots \\
&\quad + (\phi_{L-2} + \phi_{L-1} + \phi_L)\Delta u(k-L+3) + (\phi_{L-1} + \phi_L)\Delta u(k-L+2) \\
&\quad + \phi_L \Delta u(k-L+1)
\end{aligned}
$$

$$\vdots$$

$$
\begin{aligned}
\tilde{y}(k+N) &= y(k+N-1) + \phi_1 \Delta u(k+N-1) + \phi_2 \Delta u(k+N-2) + \cdots + \phi_L \Delta u(k) \\
&= y(k) + \phi_1 \Delta u(k+N-1) + (\phi_1 + \phi_2)\Delta u(k+N-2) + \cdots + (\phi_1 + \phi_2 + \cdots \\
&\quad + \phi_L)\Delta u(k+N-L) + (\phi_1 + \phi_2 + \cdots + \phi_L)\Delta u(k+N-L-1) \\
&\quad + (\phi_1 + \phi_2 + \cdots + \phi_L)\Delta u(k) + \cdots + (\phi_2 + \cdots + \phi_L)\Delta u(k-1) + \cdots + (\phi_{L-1} \\
&\quad + \phi_L)\Delta u(k-L+2) + \phi_L \Delta u(k-L+1)
\end{aligned}
$$

$$(4\text{-}34)$$

整理式(4-33)和式(4-34)两边后可以得到矩阵表达形式的预测模型，如式(4-35)所示：

$$\tilde{Y}(k+1) = Y(k) + \Psi_1 \Delta U(k) + \Psi_2 \Delta X(k-1) \qquad (4\text{-}35)$$

式中，

$$\begin{cases} \tilde{\boldsymbol{Y}}(k+1) = \left[\tilde{y}(k+1), \tilde{y}(k+2), \cdots, \tilde{y}(k+N-1), \tilde{y}(k+N)\right]^{\text{T}}_{N\times 1} \\ \boldsymbol{Y}(k) = \left[y(k), y(k+1), \cdots, y(k+N-2), y(k+N-1)\right]^{\text{T}}_{N\times 1} \\ \Delta\boldsymbol{U}(k) = \left[\Delta u(k), \Delta u(k+1), \cdots, \Delta u(k+N-2), \Delta u(k+N-1)\right]^{\text{T}}_{N\times 1} \\ \Delta\boldsymbol{X}(k-1) = \left[\Delta u(k-1), \Delta u(k), \cdots, \Delta u(k-L), \Delta u(k-L+1)\right]^{\text{T}}_{(L-1)\times 1} \end{cases}$$

$$\boldsymbol{\varPsi}_1 = \begin{bmatrix} \phi_1 & 0 & 0 & \cdots & 0 \\ \phi_1+\phi_2 & \phi_1 & 0 & \cdots & 0 \\ \vdots & \vdots & & \cdots & \vdots & \vdots & \vdots \\ \phi_1+\phi_2+\cdots+\phi_L & \phi_1+\phi_2+\cdots+\phi_{L-1} & \cdots & \phi_1 & 0 & 0 \\ \phi_1+\phi_2+\cdots+\phi_L & \phi_1+\phi_2+\cdots+\phi_L & \phi_1+\phi_2+\cdots+\phi_{L-1} & \cdots & \phi_1 & 0 & 0 \\ \vdots & \vdots & & \vdots & & \phi_1 & 0 \\ \phi_1+\phi_2+\cdots+\phi_L & \phi_1+\phi_2+\cdots+\phi_L & \phi_1+\phi_2+\cdots+\phi_L & \cdots & & \phi_1 \end{bmatrix}_{N\times N}$$

$$\boldsymbol{\varPsi}_2 = \begin{bmatrix} \phi_2 & \phi_3 & \phi_4 & \cdots & \phi_{L-1} & \phi_L \\ \phi_2+\phi_3 & \phi_3+\phi_4 & \phi_4+\phi_5 & \cdots & \phi_{L-1}+\phi_L & \phi_L \\ \vdots & \vdots & \vdots & \vdots & \vdots & \vdots \\ \phi_2+\phi_3+\cdots+\phi_L & \phi_3+\phi_4+\cdots+\phi_L & \cdots & & \cdots & \phi_L \\ \phi_2+\phi_3+\cdots+\phi_L & \phi_3+\phi_4+\cdots+\phi_L & \phi_4+\cdots+\phi_L & \cdots & & \phi_L \\ \vdots & \vdots & \vdots & & \vdots & \vdots \\ \phi_2+\phi_3+\cdots+\phi_L & \phi_3+\phi_4+\cdots+\phi_L & \phi_4+\cdots+\phi_L & \cdots & \phi_{L-1}+\phi_L & \phi_L \end{bmatrix}_{N\times(L-1)}$$

2. 预测模型修正

由于实际运行过程中可能会发生模型失配或受到外界环境干扰等未知情况，式(4-29)所得到的模型预测值会与实际输出值有所偏差，因此为避免持续的偏差所带来的控制失调，每一运行时刻仅实现当前时刻的控制作用，下一时刻通过实时的反馈校正实时修正预测模型。电堆实际运行温度与预测模型所得到的温度输出值之间的误差为

$$\boldsymbol{e}(k) = \boldsymbol{Y}(k) - \tilde{\boldsymbol{Y}}(k) \tag{4-36}$$

这一误差涵盖了该模型中未考虑的其他不确定因素对预测模型的输出影响，将 $\boldsymbol{e}(k)$ 作为反馈量构成闭环系统，采用加权的方式得到补偿后的预测输出为

$$\boldsymbol{Y}_p(k+1) = \tilde{\boldsymbol{Y}}(k+1) + \boldsymbol{h}\boldsymbol{e}(k) \tag{4-37}$$

式中，$\boldsymbol{Y}_p(k+1) = [y_p(k+1), y_p(k+2), \cdots, y_p(k+p)]^{\text{T}}$；$\boldsymbol{h} = [h_1, h_2, \cdots, h_p]^{\text{T}}$ 为加权系数矩阵，决定了反馈校正的权重，p 为优化长度系数，通常取 $p=N$。

3. 滚动优化

无模型自适应预测控制算法是一种优化控制算法，采用的优化性能指标是在有限时段下通过滚动优化得到的。不同时刻的指标的相对形式是固定的，但所包含的时间区域是不同的，因此算法中的优化是反复在线进行的。

在有限时间区域内，取如下二次目标函数：

$$\min J(\Delta U(k)) = [Y_p(k+1) - Y_r(k+1)]^T Q[Y_p(k+1) - Y_r(k+1)] + \Delta U^T(k)\lambda\Delta U(k) \quad (4\text{-}38)$$

式中，$Y_r(k+1) = [y_r(k+1), y_r(k+2), \cdots, y_r(k+p)]^T$用于防止参考轨迹的突变导致系统失稳。其中柔化轨迹的定义如式(4-39)所示：

$$y_r(k+i) = \alpha^i y(k+i-1) + (1-\alpha^i)w(k+d) \quad (4\text{-}39)$$

式中，α^i为柔化系数；w为当前时刻电堆的最优工作温度。

对$\Delta U(k)$求偏导可得式(4-40)：

$$\frac{\partial J}{\partial \Delta U(k)} = 2\Psi_1^T Q[Y(k) + \Psi_1\Delta U(k) + \Psi_2\Delta U(k-1) + he(k)$$
$$-Y_r(k+1)] + 2R\Delta U(k) \quad (4\text{-}40)$$

令偏导为零可以得到控制增量的表达式如式(4-41)所示：

$$\Delta U(k) = [\Psi_1^T Q\Psi_1 + \lambda]^{-1}\Psi_1^T Q[Y_r(k+1) - Y(k) - \Psi_2\Delta U(k-1) - he(k)] \quad (4\text{-}41)$$

当前时刻系统控制输入为$u(k) = u(k-1) + g\Delta U(k)$，$g = [1,0,\cdots,0]$为$N$维行向量。

4. 基于电堆特性的约束处理

考虑电堆运行的真实特性，控制策略中风扇的电压需要引入基于运行条件的约束。由于空冷型燃料电池发电系统电堆在工作过程中，风扇转动改变温度的同时也提供反应所需的氧气，风扇控制电压过低会导致氧气流量过小，造成电堆的氧饥饿状态，从而导致质子交换膜受损；风扇电压过高、风速过快可能会导致温度过低，使得燃料电池电极活性降低，活化极化增大。因此，在控制策略中合理约束风扇控制电压可以保证电堆正常稳定运行。根据电堆额定输出运行电流下能稳定输出的最小值设置风扇控制电压的最小值，这里选取 4V 作为风扇控制电压下限，7V 为上限，此时风扇全速运行。

4.3.3　系统参数在线辨识

系统辨识是根据系统的输入、输出数据，在某种准则意义下，估计模型中的未知参数，在确定了系统控制器后，需要对其中的未知参数进行估计，具体原理如图 4-12 所示。

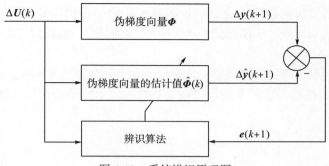

图 4-12　系统辨识原理图

由于式(4-41)中矩阵 $\boldsymbol{\Psi}_1$、$\boldsymbol{\Psi}_2$ 是由偏导数 $\phi_i(k)$ $(i=1,2,\cdots,L)$ 构成的，想要得到控制增量，首先需对由偏导数组成的伪梯度向量进行参数估计。为了得到泛模型 (4-24)中伪梯度向量 $\boldsymbol{\Phi}(k)$ 的估计值 $\hat{\boldsymbol{\Phi}}(k)$，通常采用逐步逼近的方式，在当前 k 时刻根据 $k-1$ 时刻的参数估计值与当前时刻及过去时刻的输入、输出数据计算出当前的控制量，将误差值反馈至辨识算法，基于某一准则计算 k 时刻的参数估计值 $\hat{\boldsymbol{\Phi}}(k)$，并更新下一时刻系统模型，通过反复迭代循环，直至满足准则函数。此刻所得的参数所构成的系统输出最为逼近实际运行的系统输出。

由于系统是非线性时滞的，在进行参数估计时必须满足在线控制的快速性要求，同时也应避免复杂的计算，需要在工作点附近进行线性展开。基于此提出如式(4-42)所示参数估计准则：

$$\min J(\boldsymbol{\Phi}(k)) = \left[\tilde{y}(k) - y(k)\right]^2 + \rho\left\|\boldsymbol{\Phi}(k) - \boldsymbol{\Phi}(k-1)\right\|^2 \tag{4-42}$$

式中，$\rho>0$ 为参数估计变化量的惩罚因子。引入第二项的目的是惩罚参数估计误差过大的变化，选取适当的 ρ 值可以保证系统(4-22)由系统(4-24)替代的合理性。对 $J(\boldsymbol{\Phi}(k))$ 求关于 $\boldsymbol{\Phi}(k)$ 的偏导并令其为零，可以得到伪梯度向量的估计算法表达式如式(4-43)所示：

$$\hat{\boldsymbol{\Phi}}(k) = \boldsymbol{\Phi}(k-1) + \frac{\eta\Delta\boldsymbol{U}(k-1)}{\rho + \left\|\Delta\boldsymbol{U}(k-1)\right\|^2}[\Delta y(k) - \Delta\boldsymbol{U}^{\mathrm{T}}(k-1)\boldsymbol{\Phi}(k-1)] \tag{4-43}$$

式中，η 为步长因子，用于增强算法的通用性。

4.3.4　无模型自适应预测控制方法实验研究

综上，基于偏格式动态线性化的无模型自适应预测控制方法的具体步骤可归纳如图 4-13 所示，具体如下：

(1)初始化系统阶数 n_y、n_u 和系统时延 d，设置伪梯度向量的初值 $\boldsymbol{\Phi}(0)$、预测步长 N、柔化系数 α_i、预测误差加权矩阵 $\boldsymbol{Q}$、控制加权矩阵 $\boldsymbol{R}$、步长因子 η 和惩罚因子 ρ。

（2）获取当前时刻系统的输出 $y(k)$ 和输入 $u(k)$，得到当前时刻参考轨迹。

（3）利用式（4-43）对伪梯度向量 $\boldsymbol{\Phi}(k)$ 进行参数估计，得到估计值，通过计算从而得到 $\boldsymbol{X}_1$、$\boldsymbol{X}_2$。

（4）根据式（4-41）计算得到控制增量序列，并计算出当前时刻的控制量 $u(k)$。

（5）将 $u(k)$ 作用于受控系统，得到系统输出，返回步骤（2），继续循环。

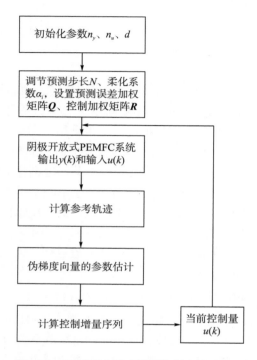

图 4-13   无模型自适应预测控制方法流程图

1. 控制参数的选取

在 MFAPC 实验中需要通过在线调整 L 维的伪梯度向量来实现系统的动态线性化处理，更多的偏导数 $\phi_i(k)$（$i=1,2,\cdots,L$）的引入会使得 MFAPC 策略具有更多的可调性及更高的适应性，但实验发现，当 L 选取为 $1\sim N$ 的任一整数时，控制效果的差别不大，因此考虑算法的计算量与反应速度，选取 L 为 4，伪梯度向量的初值选为 $\boldsymbol{\Phi}_1=[1,0.5,-0.25,0]^{\mathrm{T}}$，步长因子 $\eta=1$，惩罚因子 $\rho=50$。MFAPC 策略的其他参数设置为：反馈校正误差的加权系数 $\boldsymbol{h}=[-0.1,-0.1,\cdots,-0.1]^{\mathrm{T}}$，柔化系数 $\alpha_i=0.2$，预测误差加权矩阵 $\boldsymbol{Q}=\mathrm{diag}[0.5,0.5,\cdots,0.5]$。

实验中，所提出的 MFAPC 策略的采样周期为 $T=200\mathrm{ms}$，而控制策略中的预测步长 N 以及控制加权矩阵 $\boldsymbol{R}$ 的选取会影响系统控制的效果。通过进行对比实验，选取适当的参数，从而保证控制器的稳定性和有效性。图 4-14 为选取不同预测步长 N 时，电堆负载电流由 6A 改变为 7A 时电堆温度的响应曲线及电堆输出功率曲线。

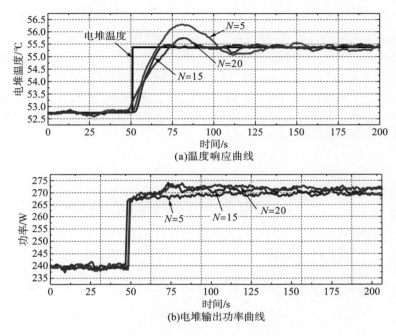

图 4-14　不同 N 时的响应曲线

对实验结果分析可以得如表 4-2 所示的系统动态响应性能评价指标，其中包括上升时间 t_r、超调量、调节时间 t_s 以及输出功率。系统稳态性能采用积分平方误差指标（e_{ISE}）进行评价，e_{ISE} 的值越小证明控制策略的输出调节性能越好，其具体计算公式如式（4-44）所示：

$$e_{ISE} = \sum_{i=1}^{k} (T_{stack}(i) - T_{opt}(i))^2 \qquad (4\text{-}44)$$

式中，$T_{stack}(i)$ 为电堆当前时刻的温度；$T_{opt}(i)$ 为最优输出性能点对应的温度；k 为调节长度，取 200。

表 4-2　负载电流切换时不同预测长度下的控制响应数据

负载电流	预测长度	上升时间/s	超调量/%	调节时间/s	输出功率/W	e_{ISE}
	5	11.75	1.67	94	260.26	8.426
6A→7A	15	13.25	0.16	52	261.66	1.952
	20	20.27	0.66	61	262.22	11.758

　　由实验结果可得，当 N=5 时，负载电流由 6A 变化到 7A 时系统可以较快地响应这一突变，使得电堆的温度迅速到达期望值，但会造成较大的超调量，且需要较长的调节时间才能使得电堆能稳定在最优输出性能点附近。当负载电流突变时，对比 N=15 和 N=20 可知，N=15 时系统可以迅速上升至期望值并较快地稳定在较高的输出功率点。因此，MFAPC 策略的预测步长 N 选为 15。

　　在控制率的求解中涉及的控制加权矩阵对于控制量的求解应满足调整原则，控制加权矩阵 **R** 是为了防止 Δu 剧烈变化从而导致控制失稳，R 的值越小，系统的响应速度越快，响应时间也越短，但可能造成一定超调；相反，R 值较大可以一定程度减少超调，但响应速度也会有所下降。图 4-15 为不同 R 值下电堆温度的响应曲线以及电堆的输出功率曲线。

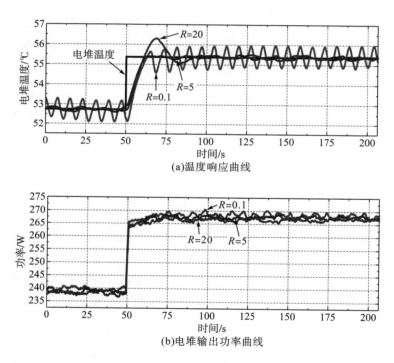

(a)温度响应曲线

(b)电堆输出功率曲线

图 4-15　不同 R 时的响应曲线

　　由图 4-15(a)可以看出，当 R=0.1 时，系统迅速上升至期望值，但会在最优输出性能所对应的运行温度附近振荡，同时电堆的输出功率也不断振荡，并不利于燃料电池的长期稳定使用。由图 4-15(b)可以看出，当 R=5 时系统的输出功率最为平稳，可以保证系统稳定在最优功率点附近，对比 R=5 和 R=20，前者具有较小的超调量、较快的调节时间以及较稳定的输出功率。因此，MFAPC 策略的控制加权矩阵取值为 **R**=diag[5,5,…,5]。

　　确定了预测步长 N 以及控制加权矩阵 $\boldsymbol{R}$ 之后的系统温度响应曲线如图 4-16 所示。

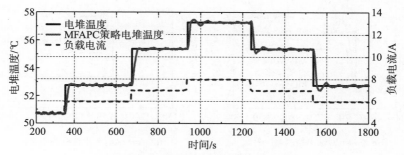

图 4-16　MFAPC 输出控制响应曲线

　　图 4-17 为 MFAPC 的预测模型的逼近程度，由结果可以看出，此时的预测模型很好地拟合了实际输出过程，运行过程中的误差控制在 −0.3～0.3℃ 范围内。

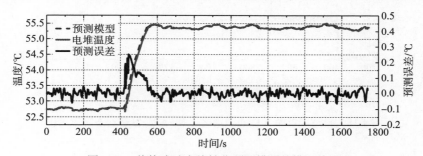

图 4-17　偏格式动态线性化预测模型的辨识结果

2. 硬件实验结果对比分析

　　在恒流模式下进行负载电流的加减载，对比传统控制方法中的自适应模糊 PID 控制方法与本章提出的基于 PFDL 的 MFAPC 策略，分析二者的动态特性和稳态性能。图 4-18 为本章提出的基于 PFDL 的 MFAPC 与自适应模糊 PID 控制的效果。

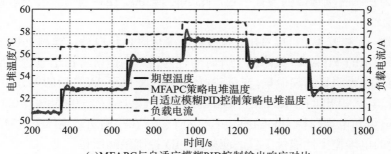

(a)MFAPC与自适应模糊PID控制输出响应对比

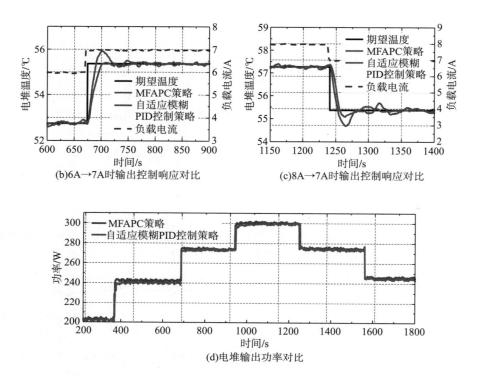

图 4-18　自适应模糊 PID 控制策略与 MFAPC 策略动态响应对比

　　由图 4-18(a)可以看出,两种控制方法均可控制电堆运行在最优输出性能点所对应的温度,使得电堆输出性能稳定。二者的控制性能指标如表 4-3 所示。引入绝对误差积分(IAE)准则来评判系统的稳定性,具体计算公式如式(4-45)所示:

$$IAE = \sum_{i=1}^{k} \left| T_{\text{stack},i} - T_{\text{ref},i} \right| \tag{4-45}$$

式中,k 为稳态时刻选取的参数个数,此处取 $k=500$。IAE 的值越小表示系统的稳态性能越优。

　　由图 4-18 和表 4-3 可以看出,负载电流变化时传统自适应模糊 PID 控制策略与本章所提出的 MFAPC 策略的上升时间较为接近,但前者在迅速达到期望工作点之后会有较为明显的超调量,在负载电流由 6A 变化至 7A 之后的差异更为明显。对比之下本章提出的 MFAPC 策略的超调量较小,在 −0.648%～0.34%。由图 4-18(b)可知电堆在稳态时输出功率较为平稳,在相同负载电流下,MFAPC 策略所得到的电堆输出性能优于自适应模糊 PID 控制策略所得。

表 4-3　控制响应数据

I_{stack}	方法	T_r/s	超调量/%	T_s/s	P_{stack}/W	IAE
5A→6A	MFAPC	24.13	0.161	40	231.96	21.031
	自适应模糊 PID	24.21	0.698	55	231.12	23.828
6A→7A	MFAPC	22.56	0.088	52	260.82	15.819
	自适应模糊 PID	18.73	1.018	89	259.35	18.395
7A→8A	MFAPC	9.4	0.34	67	286.16	12.028
	自适应模糊 PID	13.6	1.592	92	285.12	25.098
8A→7A	MFAPC	75.6	−0.494	65	260.47	18.974
	自适应模糊 PID	89.6	−1.241	83	259.98	32.085
7A→6A	MFAPC	16.4	−0.648	57	231.78	20.196
	自适应模糊 PID	13.8	−1.122	80	230.94	22.514

　　图 4-19 为过程中风扇的控制电压曲线,可以看出在负载电流突变时,电堆的风扇控制电压会做出相应调整,从而使得电堆运行温度趋于最大功率点附近。由于对风扇控制电压的约束条件,自适应模糊 PID 控制和 MFAPC 策略下的风扇控制电压均在区间[5-7,37]中调整。在负载电流升高时,风扇控制电压处于最小的 4V,当系统接近最大功率点时,风扇控制电压立即增大,从而使得风扇转速增大,运行温度得以降低。然而,在负载电流下降时,风扇控制电压将处于最大电压 7V,实现快速吹扫电堆降低堆温至最优功率点。对比自适应模糊 PID 控制策略与本章提出的 MFAPC 策略可以发现,前者的风扇控制电压变化比后者剧烈,需要频繁调整电压,这将影响电堆风扇的控制效果及使用寿命。

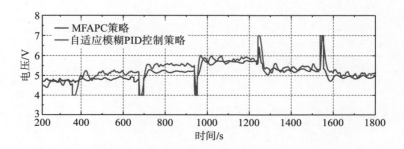

图 4-19　风扇控制电压曲线

4.4 本 章 小 结

本章基于空冷型燃料电池发电系统的数学模型，获得了电堆净输出功率与温度、负载电流和风扇功耗之间的耦合关系。基于空冷型燃料电池发电系统实验平台，在风扇消耗最低功率的条件下，获得了不同负载电流条件下燃料电池的最大净功率点。滑模变结构响应速度快、对相应的参数变化和扰动不敏感、无须在线识别、物理实现简单等优点，满足了空冷型燃料电池发电系统的控制需求。本章采用指数趋近法设计了滑模变结构控制方法，实验证明，该方法对空冷型燃料电池发电系统具有较好的控制效果。同时，本章采用最大净功率调节器来实现空冷型燃料电池发电系统的最大净功率输出，通过比较和分析实验结果可以得出结论：滑模变结构控制方法的过冲小，在稳态特性、动态特性和系统输出性能方面优于传统的 PID 控制，在负载电流加载和减载的实验条件下与 PID 控制相比，其超调量大大减少。另外，在最大净功率调节器与电堆自带控制器的对比实验中，可以看出最大净功率调节器有效地增加了系统的净输出功率。

第5章　水冷型燃料电池发电系统建模

水冷型燃料电池需要水和水循环系统，利用水的流动来带走热量。在高温下，水冷型燃料电池可以更快地散热，从而维持合适的温度，有效延长电池寿命。其次，水冷型燃料电池较空冷型燃料电池的散热效率更高，水冷型燃料电池内部温差更小，燃料电池整体的一致性更好，能避免燃料电池单体间的循环寿命、容量和内阻出现差异。本章详细介绍水冷型燃料电池的工作原理，并介绍完整水冷型燃料电池发电系统的构成及搭建。

5.1　工　作　原　理

与空冷型燃料电池发电系统不同，水冷型燃料电池发电系统一般具有较大的功率等级，其对燃料供应及温湿度等参数具有更高的要求。通常需要空压机作为氧气的供应源，并且需要以去离子水为载体的冷却系统，以保证系统安全可靠运行。本章首先介绍水冷型燃料电池发电系统的原理及构成，然后针对空气供应系统的各个部分，包括输出电压模型、空压机、供气管道、阴极流场及回流管道等进行机理建模，最后搭建适用于模型验证的半实物实验平台。

水冷型燃料电池发电系统是一个由 PEMFC 电堆、空气供应系统、氢气供应系统、冷却加湿系统、控制监测系统以及电子负载所组成的复杂系统，如图 5-1 所示，只有各系统之间配合良好，并被合理控制，整个系统才能实现稳定高效的输出。通过控制程序发出控制信号控制电磁阀从而实现对空气供应系统、电子负载、冷却加湿系统等进行管理。罐体自带的减压阀对高压氢气进行减压，可保护下游组件以免出现压力过高；再通过电磁阀对氢气燃料供给隔离；压力调节器用于对氢气压力值进行实时监测并维持燃料电池的合理供氢压力。空气经过空压机向电堆提供过量的富氧空气，富氧空气在到达电堆之前经过一个增湿器进行预加湿来维持质子交换膜的浸润，再通过散热器实现对电堆温度的控制。氢气和经过加湿器加湿的空气在电堆内部发生化学反应，产生电能，电能通过 DC-DC/AC 变换器(DC 指直流，AC 指交流)向负载输出电能。另外，需要增加一个负载断路器对负载进行管理，保证只在系统运行时向负载提供电能。在电堆阴极反应后剩余的空气通过图中的回流管道和气液分离器，之后直接排入大气；在电堆阳极反应后剩余的氢气通过氢气循环泵，进行气液分离后，再次进入加湿器，实现氢气的循环利用，提高氢气的利用率；在电堆正常工作时，控制系统控制电堆的工作温度、反应气体温度、压力、湿度和流量运行在合理水平，很好地维持系统的水热平衡，从而实现电堆的输出性能最佳。

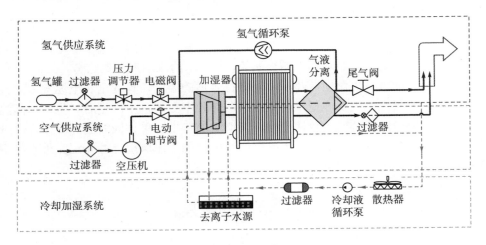

图 5-1   水冷型燃料电池发电系统结构图

冷却加湿系统主要由冷却液循环泵、散热器、传感器、控制器等组成。该系统通过水泵驱动冷却介质（多为去离子水）在燃料电池中循环流动，吸收燃料电池产生的热量，并通过散热器将该部分热量带到环境中，进而使得电堆工作温度始终维持在最佳值。由于质子交换膜在一定含水量条件下才可以传导质子，为了维持膜湿度稳定，冷却加湿系统同时担负着润湿送入电堆内氢气和空气，合理利用电堆内部反应生成水的任务。

氢气供应系统主要由氢气罐、氢气管路、过滤器、氢气循环泵等组成。氢气供应系统为燃料电池提供压力、湿度、流量均可控的氢气参与反应。并通过氢气循环泵，将反应后残存的氢气重新泵入氢气供给管路，以此提高氢气的有效利用率，减少氢气直接外排所带来的风险。

空气供应系统主要由空压机、驱动电机、过滤器、加湿器、空气管道组成。空压机为电堆提供压力、流量均适宜的空气参与反应。空气在进入电堆前还需要通过加湿器对其加湿，以避免进入电堆的空气过于干燥而降低膜的湿度，影响反应效率。空压机压缩的空气来源于外部大气，所以在入口管道上安装过滤器过滤外界空气以免空压机吸入杂质。

燃料电池控制模块根据负载需求或外部工作环境（压力、温度、电压等）的变化，综合调节进入电堆的气体流量、压力、加湿/冷却系统的水流速等，保证整个系统有效工作。

5.2　系　统　建　模

5.2.1　燃料电池发电系统仿真平台

　　Simulink 是美国 Mathworks 公司推出的 MATLAB 中的一种可视化仿真工具。它是一个模块图环境，用于多域仿真以及基于模型的设计，支持系统设计、仿真、自动代码生成、嵌入式系统的连续测试和验证。Simulink 提供图形编辑器、可自定义的模块库及求解器，能够进行动态系统建模和仿真。Simulink 与 MATLAB 相集成，能够在 Simulink 中将 MATLAB 算法融入模型，还能将仿真结果导出至 MATLAB 做进一步分析。Simulink 的应用领域包括汽车、航空、工业自动化、大型建模、复杂逻辑、物理逻辑、信号处理等方面。

　　Simulink 具有适应面广、结构和流程清晰及仿真精细、贴近实际、效率高、灵活等优点。基于以上优点，Simulink 已被广泛应用于控制理论和数字信号处理的复杂仿真及设计。有大量的第三方软件和硬件可应用于或被要求应用于 Simulink。Simulink 可以用连续采样时间、离散采样时间或两种混合的采样时间进行建模，它也支持多速率系统，即系统中的不同部分可具有不同的采样速率。为了创建动态系统模型，Simulink 提供了一个建立模型方块图的图形用户接口,这个创建过程只须单击和拖动鼠标操作即可完成。它提供了一种更快捷、直接明了的方式，让用户可以立即看到系统的仿真结果。同时，Simulink 是用于动态系统和嵌入式系统的多领域仿真和基于模型的设计工具。对各种时变系统，包括通信、控制、信号处理、视频处理和图像处理系统,Simulink 提供了交互式图形化环境和可定制模块库来对其进行设计、仿真、执行和测试; 构架在 Simulink 基础之上的其他产品扩展了 Simulink 多领域建模功能,提供了用于设计、执行、验证和确认任务的相应工具。Simulink 与 MATLAB 紧密集成，可以直接访问 MATLAB 大量的工具来进行算法研发、仿真的分析和可视化、批处理脚本的创建、建模环境的定制以及信号参数和测试数据的定义。本章的模型构建将在 Simulink 中完成并进行验证，其模型参数如表 5-1 所示。

表 5-1　75kW 高压水冷型燃料电池电堆模型参数

参数	数值
额定功率	75kW
单电池片数	381
运行温度	353K
电流范围	0～300A
电压范围	230～340V

5.2.2   燃料电池电堆模型

理论上，当 PEMFC 在理想条件下(298.15K，1atm)发生电化学反应时，电能由电池中的吉布斯自由能转化而来，它们存在对应的关系。但在实际系统应用中 PEMFC 的输出电压一般都小于吉布斯自由能所对应的值，并且会随着系统运行状态而变化，特别是在负载电流增加时会减小。典型的燃料电池单电池极化曲线如图 5-2 所示。燃料电池在电化学反应过程中存在能量损失，会直接导致系统的不可逆，系统的输出电压小于理想值。燃料电池的极化通常包括以下几个方面。

活化极化：主要因为膜电极表面发生的电化学反应迟延而引起其点位偏离平衡电位，主要受材料活性、反应类型、催化剂类型及微观结构等因素的影响，在低电流密度下容易出现活化极化。

欧姆极化：主要目的在于克服反应物中的电子与各种互相连接的部件以及离子传导作用下在电池部件之间存在的接触电阻而引起的能量损耗。这种电能损失所引起的电压降和电流满足欧姆定律，也定义为阻抗损失，能量损失的大小取决于电池几何结构、电流密度、运行温度等因素。

浓差极化：主要是因为电极表面发生氢氧的化学反应时反应物消耗太快。阴极通常积累反应所生产的水、氮气也通常积累在阴极，而且氧气的扩散速率远低于氢气，这直接导致阴极浓度降低，电极表面无法得到足够的氧气，从而引起能量损失。这种损失又称传质损失，因为是传质过程引起的，它主要受反应物活性、气体扩散层厚度、孔隙及电流密度的影响。

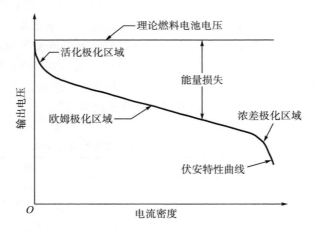

图 5-2   燃料电池单电池极化曲线

在不同的运行状态下燃料电池极化的程度不尽相同。由图 5-2 可知：活化极化现象在小电流区域的变化下比较明显，而比较宽的范围内欧姆极化现象比较明显，过了欧姆极化区域，在电流密度较大的区域浓差极化占主导作用，浓差极化现象最明显。在理想情况下，PEMFC 电堆的开路电压即吉布斯生成自由能对应的电压数值，通常以 Nernst 公式表示，如式(5-1)所示[40,83-89]。以 100kPa、25℃条件为基准，实际的吉布斯自由能变化量可表示为

$$\Delta G_f = \Delta G_f^0 - RT_{fc} \ln\left(\frac{P_{H_2} P_{O_2}^{1/2}}{P_{H_2O}}\right) \tag{5-1}$$

式中，ΔG_f^0 为基准条件下吉布斯自由能变化量(kJ/mol)；R 为普适气体常数(8.3144J/(mol·K))；P_{H_2} 为氢气分压(bar)；P_{O_2} 为氧气分压(bar)；P_{H_2O} 为水蒸气分压(bar)。

根据法拉第定律，可计算得到 1mol 氢气的消耗表示为

$$\Delta G_f = -2FE_{ocv,ideal} \tag{5-2}$$

理想情况下的单片电池的开路电压为

$$E_{ocv,ideal} = \frac{-\Delta G_f}{2F} = -\frac{\Delta G_f^0}{2F} + \frac{RT_{fc}}{2F} \ln\left(\frac{P_{H_2} P_{O_2}^{0.5}}{P_{H_2O}}\right) \tag{5-3}$$

在 PEMFC 电堆阴阳两极均存在活化极化现象，而阴阳两极的活化极化速度不一致。活化极化的程度和电流密度之间的关系可由 Tafel 公式描述[40,83-89]：

$$E_{act,loss} = \frac{RT_{fc}}{2\alpha F} \ln\left(\frac{i}{i_0}\right) = A\ln\left(\frac{i}{i_0}\right) \tag{5-4}$$

式中，$E_{act,loss}$ 为活化极化过电压(V)；α 为电荷传输系数；A 为活化极化系数；i 为电流密度(A/cm^2)；i_0 为交换电流密度(A/cm^2)。从式(5-4)中可以看出，PEMFC 电堆交换电流密度随着温度升高而增加。

内部短路电流的存在会使得 PEMFC 发电系统的开路电压低于理论下 PEMFC 发电系统的理想电压。基于此，引入虚拟的漏电流密度(i_n)表示内部短路电流，则 PEMFC 发电系统的活化极化过电压可表示为

$$E_{act,loss} = E_{ocv,loss} + E_a(1 - e^{-c_1(i+i_n)}) \tag{5-5}$$

欧姆极化的阻抗包括电解质、电极及双极板等的阻抗。欧姆极化与电阻、电流密度存在线性相关，可表示为

$$E_{ohm,loss} = iR_{ohm} \tag{5-6}$$

式中，$E_{ohm,loss}$ 为欧姆极化损失(V)；R_{ohm} 为等效阻抗(cm^2·Ω)。

欧姆极化等效阻抗的大小与电堆工作状态和构造有关，文献[40]、[83]～[89]指出 PEMFC 发电系统的极化阻抗为电解质的极化阻抗，可表示为

$$R_{\mathrm{ohm}} = \frac{t_{\mathrm{m}}}{\sigma_{\mathrm{m}}} \tag{5-7}$$

式中，t_{m} 为电解质的厚度（cm）；σ_{m} 为电解质的电导率（cm/Ω）。

文献[40]、[83]和[87]定义了最大电流密度 $I_{\max}$ 作为衡量浓差极化造成的输出电压损失，浓差极化造成的电压损失可以用式(5-8)表示[78-80]：

$$E_{\mathrm{con,loss}} = -B \ln\left(1 - \frac{i}{i_{\max}}\right) \tag{5-8}$$

式中，$E_{\mathrm{con,loss}}$ 为浓差极化电压损失；B 浓差极化系数。

文献[86]和[89]对上述公式通过数据拟合得到以下公式来表示浓差极化造成的电压损失：

$$E_{\mathrm{con,loss}} = i\left(c_2 \frac{i}{i_{\max}}\right)^{c_3} \tag{5-9}$$

式中，c_2、c_3 为拟合参数。

通过以上分析，燃料电池单体输出电压可表示为

$$E_{\mathrm{cell}} = E_{\mathrm{ocv,ideal}} - E_{\mathrm{act,loss}} - E_{\mathrm{ohm,loss}} - E_{\mathrm{con,loss}} \tag{5-10}$$

根据上述公式，75kW 燃料电池仿真模型如图 5-3 所示。

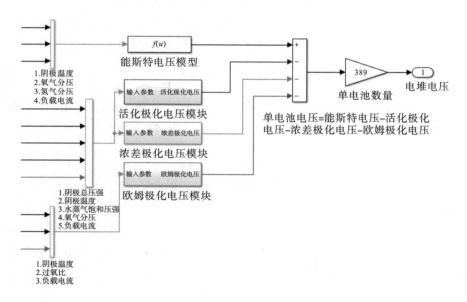

图 5-3　75kW 燃料电池仿真模型

5.2.3　空气供应系统模型

空气供应系统由相关设备及连接管道等构成，具体包括空压机、管路、电堆

阴极流场、散热器、加湿器和背压阀等。文献[86]提出一种较为简洁的数据拟合建模方法，但是该建模方法仍然需要提供精确的空压机结构数据，在实际建模中的难度较大。为了解决文献[86]中模型精度不高的问题，通过热力学关系对模型进行校正，来提高模型的精度。

无论哪种气体，在压缩过程均存在对气体做功现象，因此在压缩过程中排除压缩过程非常缓慢或者存在冷却过程，气体的温度都将升高。可逆压缩过程（又称绝热过程、无热损失），温度变化可以表示为[85,88]

$$\frac{T_2'}{T_1} = \left(\frac{p_2}{p_1}\right)^{\frac{\gamma-1}{\gamma}} \tag{5-11}$$

式中，T_1 为压缩前温度（K）；T_2' 为绝热压缩后温度（K）；p_1 为压缩前压力（bar）；p_2 为压缩后压力（bar）；γ 为空气比热比。

空压机在运行过程中内部存在几种运动可以提高气体的温度，实际上在空气压缩过程中，气体温度要比式（5-11）的结果高。文献[67]、[90]和[91]提出等熵效率的概念，并对整个过程做出理论假设：气体为理想气体、定压热容 C_p 是常数、气体流入/流出空压机的动能忽略不计；从空压机散失到环境的热量忽略不计，则可得到

$$\begin{aligned}
W_{\text{comp,real}} &= C_p(T_2 - T_1)\dot{m}_{\text{air}} \\
W_{\text{comp,ideal}} &= C_p(T_2 - T_1)\dot{m}_{\text{air}} \\
\eta_c &= \frac{W_{\text{comp,ideal}}}{W_{\text{comp,real}}} = \frac{C_p(T_2' - T_1)\dot{m}_{\text{air}}}{C_p(T_2 - T_1)\dot{m}_{\text{air}}} = \frac{T_2' - T_1}{T_2 - T_1}
\end{aligned} \tag{5-12}$$

式中，T_2 为实际情况下空压机出口温度（K）；$W_{\text{comp,ideal}}$ 为实际情况下空压机做功（J）；$W_{\text{comp,real}}$ 为绝热情况下空压机做功（J）；$\dot{m}_{\text{air}}$ 为空气质量；η_c 为空压机等熵效率[82-84]。

将式（5-11）代入式（5-12）可以得到等熵效率：

$$\eta_c = \frac{T_1}{T_2 - T_1}\left[\left(\frac{p_2}{p_1}\right)^{\frac{\gamma-1}{\gamma}} - 1\right] \tag{5-13}$$

引入空压机的机械传动效率、等熵效率和机械传动效率，进一步推理得到整体效率为

$$\eta_{cp} = \eta_m \eta_c \tag{5-14}$$

式中，η_{cp} 为空压机整体效率；η_m 为机械传动效率。

离心式空压机的机械传动效率很高，通常直接使用空压机的效率来表示等熵效率[40,83,87]。根据等熵效率的定义，可以计算压缩过程温度的变化量，如式（5-15）所示：

$$\Delta T = T_2 - T_1 = \frac{T_1}{\eta_{\text{cp}}}\left[\left(\frac{p_2}{p_1}\right)^{\frac{\gamma-1}{\gamma}} - 1\right] \tag{5-15}$$

这样，可以得到空压机出口气体温度（K）为

$$T_{\text{cp,out}} = \frac{T_{\text{atm}}}{\eta_{\text{cp}}}\left[\left(\frac{p_2}{p_1}\right)^{\frac{\gamma-1}{\gamma}} - 1\right] \tag{5-16}$$

为方便计算，将空气的压缩过程等效为一个等熵过程并推导空气压缩过程的温度变化。等熵过程中，驱动空压机所需要的功率则可由温度变化得到：

$$P_{\text{cp}} = C_{\text{p}}\Delta T \dot{m}_{\text{air}} = C_{\text{p}}\frac{T_1}{\eta_{\text{cp}}}\left[\left(\frac{p_2}{p_1}\right)^{\frac{\gamma-1}{\gamma}} - 1\right]\dot{m}_{\text{air}} \tag{5-17}$$

式中，P_{cp} 为空压机消耗功率（W）。

空压机仿真模型如图 5-4 所示，包括三个部分：空气流量模块、空压机实时转速模块和热力学模块。

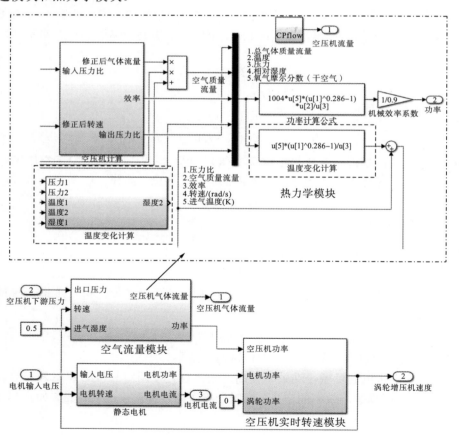

图 5-4　空压机仿真模型

在这个模型中，唯一的控制变量是空压机的转速给定信号。空压机的动态惯性模型及相应的参数分别为[40]

$$\begin{cases} J_{cp}\dfrac{d\omega_{cp}}{dt} = \tau_{cm} - \tau_{cp} \\[2mm] \tau_{cm} = \eta_{cm}\dfrac{k_t}{R_{cm}}(V_{cm} - k_v\omega_{cp}) \\[2mm] \tau_{cp} = \dfrac{P_{cp}}{\omega_{cp}} \\[2mm] \dfrac{dN_{cp}}{dt} = \dfrac{60}{2\pi}\dfrac{\tau_{cm} - \tau_{cp}}{J_{cp}} \end{cases} \tag{5-18}$$

式中，J_{cp} 为空压机转动惯量$(g\cdot m^2)$；ω_{cp} 为空压机转动角速度(rad/s)；τ_{cm} 为空压机电机驱动转矩$(N\cdot m)$；τ_{cp} 为驱动空压机电机阻力转矩$(N\cdot m)$；η_{cm} 为电动机的机械效率；P_{cp} 为离心式空压机功耗(kW)；k_t、k_v、R_{cm} 为电机模型参数；V_{cm} 为电机驱动电压(V)；N_{cp} 为空压机转速(r/min)[40]。

空气供应系统仿真模型如图 5-5 所示。

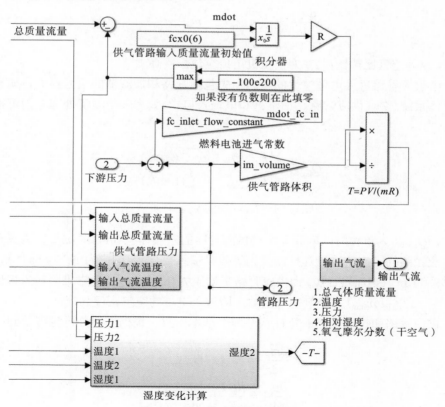

图 5-5 空气供应系统仿真模型

环境空气中水蒸气的摩尔分数相对较小,因此空气供应系统模型中可忽略水蒸气的影响,可得到式(5-19):

$$\frac{\mathrm{d}m_{sm}}{\mathrm{d}t} = \dot{m}_{cp} - \dot{m}_{sm,out} \tag{5-19}$$

式中,m_{sm} 为空气供应管路中干空气质量(g)(上面的点表示求导或微分,下同);$\dot{m}_{cp}$ 为空压机出口干空气质量(g);$\dot{m}_{sm,out}$ 为离开供应管路的干空气质量(g)[40]。

由于 PEMFC 发电系统中温度响应的时间常数较大,空气供应系统的压力变化过程可以看成等温过程,则根据热力学特性可以得到式(5-20):

$$\frac{\mathrm{d}p_{sm}}{\mathrm{d}t} = \frac{R_a T_{sm}}{V_{sm}} \frac{\mathrm{d}m_{sm}}{\mathrm{d}t} \tag{5-20}$$

式中,p_{sm} 为供应管路平均压力(Pa);R_a 为空气气体常数(0.2896J/(g·K));T_{sm} 为供应管路平均温度(K);V_{sm} 为供应管路体积(m³)[40]。

若考虑温度差异,则可以得到式(5-21):

$$\frac{\mathrm{d}p_{sm}}{\mathrm{d}t} = \frac{R_a \gamma}{V_{sm}} (\dot{m}_{cp} T_{cp} - \dot{m}_{sm,out} T_{sm}) \tag{5-21}$$

式中,γ 为空气比热比;T_{cp} 为空压机出口空气温度(K)。

由供应管路进入电堆空气的压力损失包括管路和加湿器的阻力损失,如果将该流体系统(空气供应管路、加湿器和电堆入口)等效为一个喷嘴处理,则可得到式(5-22):

$$\dot{Q}_{sm,out} = \begin{cases} k_{sm}\sqrt{p_{sm} - p_{ca,in}} & (湍流) \\ k_{sm}(p_{sm} - p_{ca,in}) & (层流) \end{cases} \tag{5-22}$$

$$\dot{m}_{sm,out} = \rho(T_{ca,in}, p_{ca,in})\dot{Q}_{sm,out}$$

式中,$Q_{sm,out}$ 为单位时间内离开空气供应管路的空气体积(m³/s);$m_{sm,out}$ 为离开空气供应管路的干空气质量(g);k_{sm} 为等效喷嘴系数(湍流单位为 m³/(s·bar^0.5),层流单位为 m³/(s·bar));p_{sm} 为供应管路平均压力(bar);$p_{ca,in}$ 为电堆阴极入口压力(bar);$\rho(T_{ca,in}, p_{ca,in})$ 为空气密度函数,即进入电堆的空气密度(g/m³)。

供应管路和排气管路的特性从原理上基本一致,根据上述分析也可得到

$$\frac{\mathrm{d}m_{rm}}{\mathrm{d}t} = \dot{m}_{rm,in} - \dot{m}_{rm,out}$$

$$\frac{\mathrm{d}p_{rm}}{\mathrm{d}t} = \frac{R_{wa} T_{rm}}{V_{rm}} \frac{\mathrm{d}m_{rm}}{\mathrm{d}t} \tag{5-23}$$

式中，m_{rm} 为空气排气管路中干空气质量(g)；$m_{rm,in}$ 为进入排气管路的干空气质量(g)；$m_{rm,out}$ 为离开排气管路的干空气质量(g)；p_{rm} 为排气管路平均压力(Pa)；R_{wa} 为湿空气气体常数(J/(g·K))；T_{rm} 为排气管路平均温度(K)；V_{rm} 为排气管路体积(m^3)。

与供应管路类似，由排气管路排到大气中的空气流量和由电堆进入排气管路的空气流量均可等效为喷嘴处理。与供应管路不同的是，排气管路排至大气中的压力损失包括 PEMFC 发电系统背压阀的阻力损失和管路的阻力损失，并且背压阀的阻力损失比管路的阻力损失大得多，因此排气管路中的气体流动认为是湍流，等效喷嘴系数主要由所选用的阀门特性决定，相应的流量计算公式为

$$\dot{Q}_{rm,in} = \begin{cases} k_{rm}\sqrt{p_{ca,out} - p_{rm}} & (湍流) \\ k_{rm}(p_{ca,out} - p_{rm}) & (层流) \end{cases}$$
$$\dot{m}_{rm,in} = \rho(T_{ca,out}, p_{rm})\dot{Q}_{rm,out}$$
$$\dot{Q}_{rm,out} = k_{BPV}(h)\sqrt{p_{rm} - p_{amb}}$$
$$\dot{m}_{rm,out} = \rho(T_{rm}, p_{rm})\dot{Q}_{rm,out}$$

(5-24)

式中，$Q_{rm,in}$ 为单位时间内离开电堆进入空气排气管路的空气体积(m^3/s)；$Q_{rm,out}$ 为单位时间内离开空气排气管路进入大气的空气体积(m^3/s)；k_{rm} 为电堆出口等效喷嘴系数(湍流单位为 $m^3/(s·bar^{0.5})$，层流单位为 $m^3/(s·bar)$)；$k_{BPV}(h)$ 为背压阀等效喷嘴系数($m^3/s·bar^{0.5}$)；h 为背压阀开度；$p_{ca,out}$ 为电堆阴极出口压力(bar)；p_{rm} 为排气管路平均压力(bar)；p_{amb} 为大气压力；$\rho(T_{ca,out}, p_{rm})$、$\rho(T_{rm}, p_{rm})$ 为空气密度函数。

上述模型中，排气管路空气温度等效为电堆出口空气温度，背压阀喷嘴系数根据阀门的类型确定。尾气排放子系统仿真模型如图 5-6 所示。

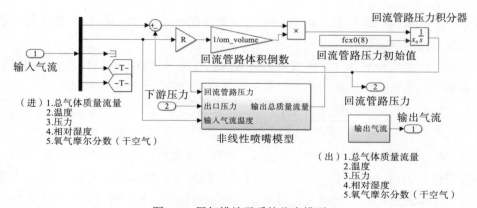

图 5-6　尾气排放子系统仿真模型

5.2.4 氢气供应系统模型

氢气供应系统和空气供应系统类似，只是空气供应系统需要升压，而氢气供应系统则需要减压。氢气供应系统配置了减压阀，而空气供应系统采用了空压机，因此对氢气供应系统建模如图 5-7 所示。

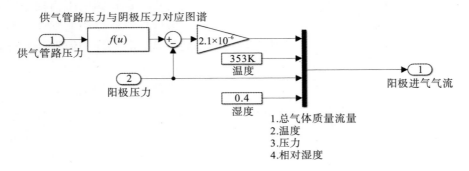

图 5-7 氢气供应系统仿真模型

根据质量守恒定律可以得到氢气管道质量流量与气体质量之间的关系：

$$\frac{\mathrm{d}m}{\mathrm{d}t} = W_{\text{in}} - W_{\text{out}} \tag{5-25}$$

式中，m 为管道中的气体质量；W_{in} 为进入管道的气体质量流量；W_{out} 为流出管道的气体质量流量[80]。假定管道中的氢气温度与氢气罐内的氢气温度相同，气体减压过程中无热量损失，根据理想气体方程，可得到管道气体压力的变化关系：

$$\frac{\mathrm{d}P}{\mathrm{d}t} = \frac{RT}{V}(\dot{n}_{\text{in}} - \dot{n}_{\text{out}}) \tag{5-26}$$

式中，P 为氢气气体压力；$\dot{n}_{\text{in}}$ 为供气管道的氢气进气摩尔流量；$\dot{n}_{\text{out}}$ 为供气管道的氢气出口摩尔流量[80]。

氢气、氮气和水蒸气三种气体共同组成氢气供气管道中的混合气体，假定氢气管道中的水蒸气分压维持不变，则供气管道中的氢气分压如下所示：

$$\frac{\mathrm{d}P_{\text{sm,H}_2}}{\mathrm{d}t} = \frac{RT_{\text{sm}}^{\text{a}}}{V_{\text{sm}}^{\text{a}}}(\dot{n}_{\text{ht,H}_2} + \dot{n}_{\text{egr,H}_2} - \dot{n}_{\text{ai,H}_2}) \tag{5-27}$$

式中，$P_{\text{sm,H}_2}$ 为氢气管道中氢气气体分压；R 为气体常数；T_{sm}^{a} 为氢气管道温度；V_{sm}^{a} 为氢气供应管道体积；$\dot{n}_{\text{ht,H}_2}$ 为氢气经过调节阀调节后气体摩尔流量；$\dot{n}_{\text{egr,H}_2}$ 为循环氢气摩尔流量；$\dot{n}_{\text{ai,H}_2}$ 为进入电堆的氢气摩尔流量[80]。氢气经过减压后进入氢气供应管道的流量为

$$\dot{n}_{\mathrm{ht,H_2}} = u_{\mathrm{ht}}(t) \cdot \dot{n}_{\mathrm{ht,m}} \tag{5-28}$$

式中，$u_{\mathrm{ht}}(t)$ 为减压阀的控制参数，范围为 $(0,1]$；$\dot{n}_{\mathrm{ht,m}}$ 为高压储氢罐提供的最大气体摩尔流量[80]。

5.2.5　冷却加湿系统模型

加湿器是 PEMFC 发电系统中水热管理的一个重要部件。如果进入电堆的空气不进行冷却加湿处理，那么电堆内部的空气会非常干燥，而质子交换膜过于干燥会导致电堆失效。因此，分析电堆水平衡首先要确定进入电堆气体的含湿状态，研究加湿器的特性进而建立冷却加湿系统模型。

MATLAB 仿真模型采用湿膜加湿器进行水热交换，原理为利用气体通过液态水膜时与水发生热交换从而加速液态水的蒸发，带走水蒸气。冷却水通过管路至加湿器顶部，并由于重力作用下沉。水分被膜吸收后形成均匀的水膜。当干燥的气体通过湿膜时，水分子吸收气流中的热量蒸发形成水蒸气增加气体湿度。湿膜加湿器的加湿能力由水的温度、膜的厚度和表面积、反应气体流量决定。供气冷却仿真模型和供气加湿仿真模型分别如图 5-8 和图 5-9 所示。

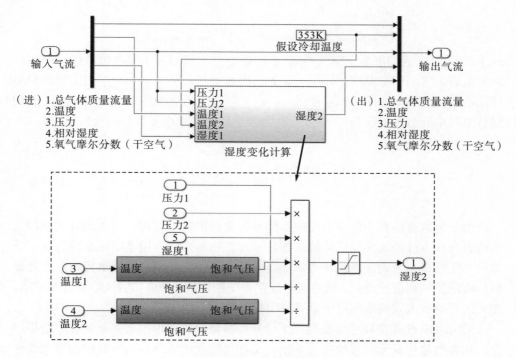

图 5-8　供气冷却仿真模型

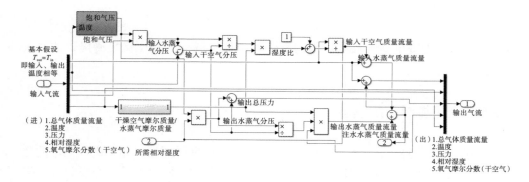

图 5-9　供气加湿仿真模型

　　根据湿膜加湿的特性，将空气经过湿膜后的水蒸气组分等效成加湿前的组分和新加入的组分，假定空气通过湿膜前后为均匀分布的气体，加湿后空气中的水蒸气和空气温度一致，这样经过加湿器前后物质状态的变化可表述如下：

$$\begin{cases} \dot{m}_{\mathrm{da,hum,out}} = \dot{m}_{\mathrm{da,hum,in}} \\ \varPhi_{\mathrm{hum,out}} = 1 \\ T_{\mathrm{air,hum,out}} = T_{\mathrm{w,hum}} \\ \dot{m}_{\mathrm{wl,hum,out}} = 0 \\ \dot{m}_{\mathrm{wv,hum,out}} = \dot{m}_{\mathrm{da,hum,out}} \cdot \omega_{\mathrm{air,sat}}\left(T_{\mathrm{w,hum}}, p_{\mathrm{air,hum,out}}\right) \end{cases} \tag{5-29}$$

式中，$\dot{m}_{\mathrm{da,hum,out}}$ 为加湿后干空气质量(g)；$\dot{m}_{\mathrm{da,hum,in}}$ 为加湿前干空气质量(g)；$\varPhi_{\mathrm{hum,out}}$ 为加湿后空气的相对湿度；$T_{\mathrm{air,hum,out}}$ 为加湿后空气温度(K)；$\omega_{\mathrm{air,sat}}$ 为空气饱和湿度比；$T_{\mathrm{w,hum}}$ 为加湿循环水温度(K)；$p_{\mathrm{air,hum,out}}$ 为加湿后空气压力(g)；$\dot{m}_{\mathrm{wl,hum,out}}$ 为加湿后空气中液态水质量(g)；$\dot{m}_{\mathrm{wv,hum,out}}$ 为加湿后空气中水蒸气质量(g)。

5.3　硬件在环半实物平台

　　由于纯数值仿真不能完全反映实际系统全部的物理过程，而采用真实的测试系统会有成本过高及实验风险等问题，因此在将新方法应用于实际系统之前，要通过半实物平台来验证所提新方法的有效性。硬件在环半实物测试将数字仿真模型与实际控制系统相结合，能够实时反映系统的性能，降低实验风险和开发成本，在大规模的嵌入式集成应用中具有突出优势。

　　RT-LAB 硬件在环半实物测试平台能够将数值仿真模型与实际物理系统相结合，弥补数值仿真无法反映实际系统真实物理过程的缺陷，同时减少构建全硬件物理系统的成本，通过对实际核心控制器中控制算法的设计，达到为全实物系统提供预测和指导的目的，避免因不可预测的风险和极端的实验条件造成实物系统损坏和严重的经济损失，在大规模的嵌入式集成应用中具有突出优势[92]。

　　RT-LAB 是加拿大 Opal-RT Technologies 公司开发的一套工业级实时仿真测试平台[86,89]。基于 RT-LAB 的硬件在环(hardware-in-the-loop，HIL)是实时仿真的一种，上位机利用 RT-LAB 软件将被控对象的仿真模型分块化为多个子系统，并行运行在目标机 RT-LAB OP5600 上；外部控制器通过目标机的硬件输入/输出板卡获取被控对象中的变量，经过模数转化将信号送入实际的控制器中，产生实际的控制信号以脉冲方式或者经过数模转换送回至 OP5600 目标机中，实现以实际的控制器控制目标机中虚拟模型的目的。图 5-10 为 RT-LAB HIL 实验平台系统示意图。

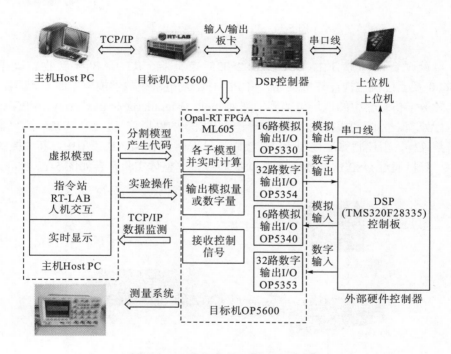

图 5-10　RT-LAB HIL 实验平台系统

　　为验证本章所提出方法的有效性，搭建基于 RT-LAB 的 PEMFC 发电系统半实物实验平台。该仿真平台主要由两部分组成：①PEMFC 发电系统数学模型的搭建；②数字信号处理器(digital singnal processor，DSP)外围电路的搭建、DSP 与 OP5600 通信线路连接及控制算法的 C 代码编写。

　　本章所采用模型基于 75kW 燃料电池系统参数，包括 PEMFC 电堆模块、空压机模块、供气管路模块、回流管路模块、氢气回路模块及热管理模块等，其组成如图 5-11 所示。

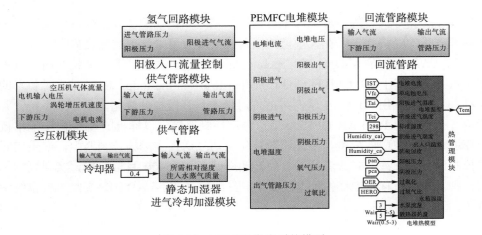

图 5-11　PEMFC 发电系统模型

实验平台硬件部分由 DSP TMS28335 控制器、RT-LAB 半实物仿真平台 OP5600 及上位机监视计算机组成。将 PEMFC 发电系统数学模型生成 C 代码，通过实时数字仿真器中的现场可编程门阵列(field programmable gate array，FPGA)进行运行处理，并驱动模拟输入/输出板卡输出相应的模拟信号，经过 DSP 控制器进行模数采样，由控制算法处理后，把控制信号送回到 RT-LAB 模型中，其中控制算法由计算机通过 DSP 仿真器烧录到 DSP 芯片中。整体实验平台如图 5-12 所示。

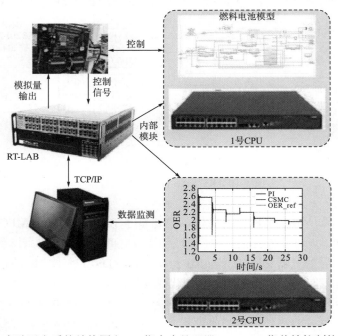

图 5-12　HIL 实验平台系统结构图(CPU 指中央处理器，TCP/IP 指传输控制协议/网际协议)

5.4　模 型 验 证

为了验证所建立的 PEMFC 发电系统模型在宽泛的工作条件下的性能和输出动态特性，在 RT-LAB 半实物仿真平台上，通过 100～270A 的负载电流对上述动态发电系统模型进行了实验，如图 5-13 所示。在实验中，暂不考虑外部干扰，而是建立理想的 PEMFC 发电系统模型并研究其动态响应特性，实验结果如下所述。

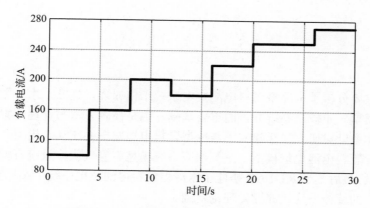

图 5-13　测试 PEMFC 发电系统的负载工况

图 5-14 描述了双电荷 PEMFC 发电系统极化曲线。随着电流密度的升高，燃料电池的输出电压呈现一定的下降趋势。这主要是因为随着电流密度的升高，在不同电流密度下会对电堆产生不同程度的极化，这些极化会造成不可逆的电压损失。由图可以看出，在电流密度突变瞬间输出电压会有短暂的阶跃变化。

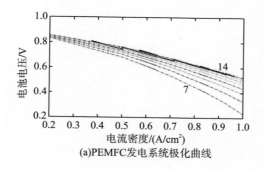

(a)PEMFC发电系统极化曲线

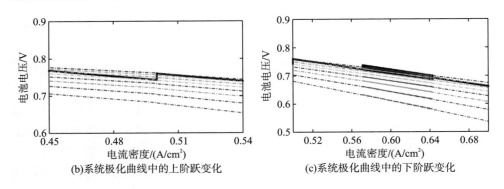

(b)系统极化曲线中的上阶跃变化   (c)系统极化曲线中的下阶跃变化

图 5-14   PEMFC 发电系统极化曲线及其上下阶跃变化

5.5   本 章 小 结

　　本章主要分析了水冷型燃料电池发电系统工作原理，建立了水冷型燃料电池发电系统模型。建模是系统分析的重要基础，也是控制方法与管理方案设计的重要依据，本章针对研究目标建立了水冷型燃料电池发电系统动态模型，该系统模型主要包括燃料电池电堆模型、空气供应系统模型、氢气供应系统模型、冷却加湿系统模型。最后基于 RT-LAB 搭建了水冷型燃料电池发电系统半实物实验平台，为后续章节的管控方法研究提供理论基础。

第6章　水冷型燃料电池发电系统优化控制技术

由第 5 章对水冷型 PEMFC 发电系统的原理介绍可知，水冷型 PEMFC 发电系统作为一个多输入、多输出、非线性、强耦合的复杂动态系统，在实际运行过程中受多种外在因素的影响，任何一个环境因素或者操作条件的改变，如温度、压力、空气流量、氢气流量或者相对湿度，都会引起水冷型 PEMFC 发电系统输出性能的波动。其中，空气流量是影响水冷型 PEMFC 发电系统输出性能的关键因素。本章基于原理及实验数据分析过氧比对水冷型 PEMFC 发电系统的影响，并设计基于模糊 PID 与滑模控制的优化控制方法。针对相对阶为 2 的空气系统，本章提出基于最优过氧比的 PEMFC 发电系统分层控制方法，通过离线+在线的寻优算法获得最优过氧比，利用 Lyapunov 函数证明滑模控制作用下系统的稳定性。

6.1　过氧比特性分析

6.1.1　过氧比定义

水冷型 PEMFC 由于类型不同、所处工况不同等，其相应的氧气供应流量也必定会随之变化，因而无法单凭氧气流量这一参数来确定一个能够保证任何 PEMFC 发电系统都能安全稳定运行的范围。因此，定义过氧比作为反映与衡量 PEMFC 发电系统内氧气供应量水平的重要参数，既能够更方便地衡量阴极氧气供应的水平，又能使该参数所确定的范围能够保证所有型号 PEMFC 发电系统安全稳定运行，以便进行进一步的研究与控制。过氧比 λ_{O_2} 定义为

$$\lambda_{O_2} = \frac{W_{O_2,in}}{W_{O_2,reacted}} \tag{6-1}$$

式中，$W_{O_2,in}$ 为压缩机供给进入阴极的氧气流量；$W_{O_2,reacted}$ 为参加 PEMFC 电堆反应的氧气流量。

$$W_{O_2,in} = 0.21 \frac{M_{O_2}}{M_{air}} W_{ca,in} \tag{6-2}$$

M_{O_2}、 M_{air} 分别为氧气、空气的摩尔质量(kg/mol)；$W_{ca,in}$ 为进入阴极流道的气体质量流量。

氧气是阴极流场中唯一参与电堆反应的气体，氧气流量 $W_{O_2,reacted}$ 可通过式(6-3)进行计算：

$$W_{O_2,reacted} = M_{O_2} \frac{NI_{stack}}{4F} \tag{6-3}$$

在系统运行过程中，空气供应系统所提供的氧气流量一旦发生严重不足或过量，将导致"氧饥饿"和"氧饱和"现象，对电池的输出特性和内部结构都会产生巨大的影响。为了使电池的净功率最大，实验找出了不同输出电流下对应的最优过氧比，发现最优过氧比的取值范围基本在 2～2.5。

6.1.2 暂态特性

为了避免 PEMFC 发电系统出现"氧饥饿"和"氧饱和"的问题，本节对水冷型 PEMFC 发电系统过氧比特性进行实验研究。由图 6-1 可以看出，在 PEMFC 发电系统输出一定电流稳定运行期间，随着过氧比的增大，系统的输出净功率增加，这说明此时过氧比的增加会减少"氧饥饿"，提升 PEMFC 发电系统的输出性能。但是，随着过氧比继续升高，空压机消耗功率增大，PEMFC 发电系统净功率输出开始下降，这说明此时系统处于"氧饱和"状态。因此，可以将系统的输出净功率作为判断系统是否处于"氧饥饿"和"氧饱和"状态的依据。

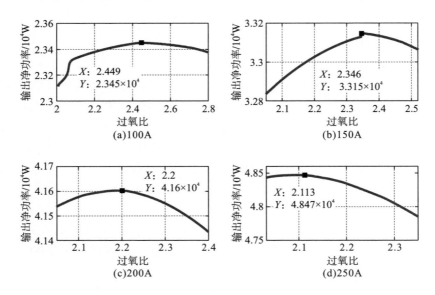

图 6-1 PEMFC 负载电流 100～250A 系统性能曲线

从 PEMFC 负载电流 100～250A 性能曲线中可以看出，在不同的负载电流情况下，最大输出净功率对应的过氧比也不相同。随着负载电流的增加，最大输出净功率对应的过氧比逐渐降低。影响 PEMFC 发电系统输出净功率的主要因素为负载电流与空压机消耗功率，而空压机的消耗功率与过氧比相关。因此，为了通过控制系统处于最大输出净功率来使系统运行于最优过氧比点，首先要确定在不同电流条件下的最大输出净功率。根据图 6-2 所示的 PEMFC 发电系统稳态性能曲线可知，在稳定的负载电流条件下，随着过氧比增加，系统的输出净功率逐渐升高，直至到达最大输出净功率点；到达最大输出净功率点后随着过氧比的增加，系统的输出净功率逐渐下降。

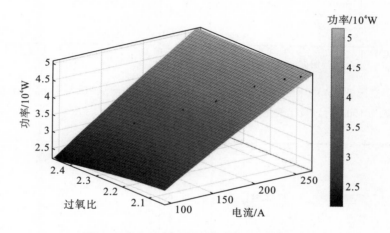

图 6-2　PEMFC 发电系统过氧比稳态特性图

6.1.3　稳态特性

当 PEMFC 发电系统正常运行时，设置空压机的输入电压大小为 100V，负载电流大小为 100A，可得到此时输出的过氧比特性曲线如图 6-3 所示。分析图 6-3 可以得出，PEMFC 发电系统在该固定的空压机电压与负载电流的条件下，其过氧比基本稳定在 2.055。

接下来将负载电流进行改变，分析当负载电流变化、空压机电压保持 100V 不变时过氧比的变化。图 6-4 和图 6-6 分别为负载电流从 100A 变化到 120A 和负载电流从 100A 变化到 80A 的波形，图 6-5 和图 6-7 分别为过氧比因负载电流变大的变化曲线和过氧比因负载电流变小的变化曲线。

由图 6-4～图 6-7 分析可知，在空压机电压为 100V 时，负载电流从 100A 上升到 120A 后，过氧比的稳态值从 2.055 下降为 1.732。在空压机电压为 100V 时负载电流从 100A 下降到 80A 时，过氧比的稳态值从 2.055 上升为 2.537。

　　通过仿真同样可以验证空压机电压变化对过氧比的控制效果，接下来将空压机电压进行改变，分析当空压机电压变化且负载电流保持 100V 不变时过氧比的变化。图 6-8 和图 6-9 分别为空压机电压输入曲线和过氧比因空压机电压变化的变化曲线。

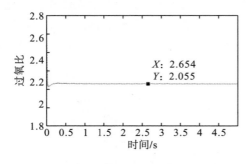

图 6-3　空压机输入电压为 100V、负载电流为 100A 时过氧比变化曲线

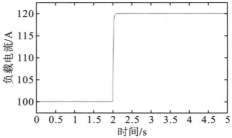

图 6-4　负载电流从 100A 变化到 120A 的波形

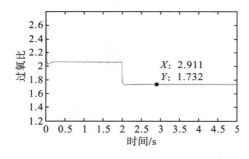

图 6-5　过氧比因负载电流变大的变化曲线

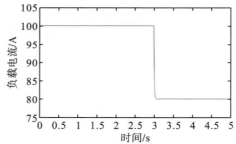

图 6-6　负载电流从 100A 变化到 80A 的波形

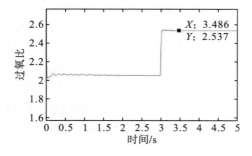

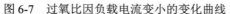

图 6-7　过氧比因负载电流变小的变化曲线

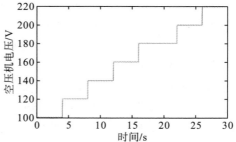

图 6-8　空压机电压输入值

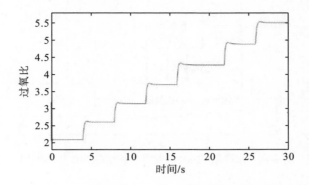

图 6-9 过氧比因空压机电压变化的变化曲线

观察图 6-9 可知，当负载电流为 100A 时，不同空压机电压下过氧比的稳态值不一样，其具体值见表 6-1。

表 6-1 不同空压机电压下的过氧比

v_{cp} / V	100	120	140	160	180	200	220
λ_{O_2}	2.055	2.583	3.124	3.682	4.262	4.877	5.501

分析表 6-1 可知，空压机电压的大小与过氧比的大小存在正相关的关系，在第一次增加 20V 电压过氧比稳态值增加了 0.528，第二次再增加 20V 电压过氧比稳态值增加了 0.541，第三次再增加 20V 电压过氧比稳态值增加了 0.558，第四次再增加 20V 电压过氧比稳态值增加了 0.580，第五次再增加 20V 电压过氧比稳态值增加了 0.615，第六次再增加 20V 电压过氧比稳态值增加了 0.624。因此分析可以得出，空压机电压能够控制 PEMFC 发电系统的过氧比。

6.2 过氧比闭环控制技术

6.2.1 基于自适应模糊 PID 控制的过氧比闭环控制

模糊控制因为其鲁棒性强、抗干扰能力强、适应性广等特点，对具有非线性、时滞或快速变动的 PEMFC 发电系统相较于传统 PID 控制有更好的控制效果。如图 6-10 所示，将模糊控制与 PID 控制相结合，设计模糊 PID 控制器，根据模糊规则对 K_p、K_i、K_d 进行在线调整，优化系统输出性能。具体原理参考 3.3 节，下面不再赘述。

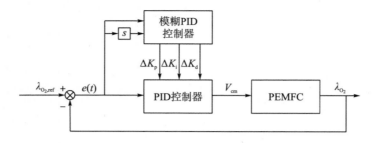

图 6-10 水冷型 PEMFC 发电系统模糊 PID 控制框图

PEMFC 发电系统的模糊 PID 控制器的输入为：与实际负载电流对应的最佳过氧比与实际过氧比的偏差 $e(t)$ 以及偏差的变化率 $\dot{e}(t)$。模糊 PID 控制器的输出值分别为 PID 参数的调整量 ΔK_p、ΔK_i、ΔK_d。模糊 PID 控制器通常先对两个输入值进行模糊化，从而实现具体值和模糊化量之间关系的确定。然后在模糊 PID 控制器中，将模糊化的输入值根据模糊规则表得到对应的模糊化的输出，最后对模糊化输出进行解模糊化得到具体数值。

通过分析 PEMFC 发电系统 $e(t)$、$\dot{e}(t)$ 的变化情况得知：$e(t)$ 和 $\dot{e}(t)$ 的基本论域分别为 [−1.6,1.6] 和 [−160,160]，并且基本符合正态分布，经过多次仿真分析，选取了参考文献[91]、[92]中隶属度函数的形式，确定 $e(t)$ 的模糊论域为 [−5,5]；$\dot{e}(t)$ 的输入论域为 [−5,5]，模糊子集为 $e(t)$、$\dot{e}(t)$ = {NB、NM、NS、ZO、PS、PM、PB}；再根据基本论域和模糊论域的关系，将 $e(t)$ 和 $\dot{e}(t)$ 的量化因子分别设置为 3 和 0.03，且隶属度函数如图 6-11 和图 6-12 所示[69]。

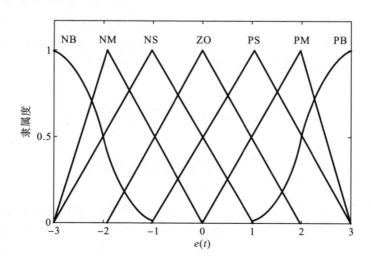

图 6-11 $e(t)$ 的隶属度函数曲线

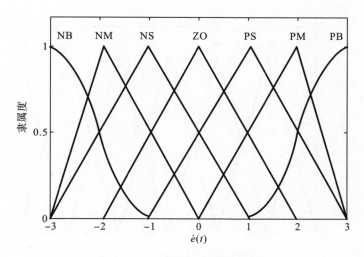

图 6-12 $\dot{e}(t)$ 的隶属度函数曲线

参考前面较优的 PID 参数分别为 K_p=35，K_i=80，K_d=1，从而确定ΔK_p、ΔK_i、ΔK_d 的模糊论域各自为[-8,8]、[-4,4]、[-0.4,0.4]，模糊子集也都为{NB、NM、NS、ZO、PS、PM、PB}，同样经过多次仿真分析，将 PID 参数调整量的隶属度函数确定为均匀的三角隶属度函数[20]，ΔK_p、ΔK_i、ΔK_d 的隶属度函数如图 6-13～图 6-15 所示。

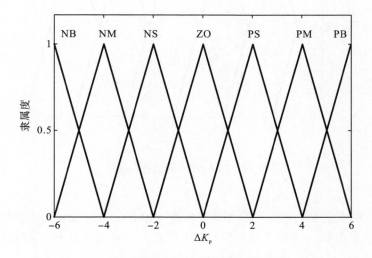

图 6-13 ΔK_p 的隶属度函数曲线

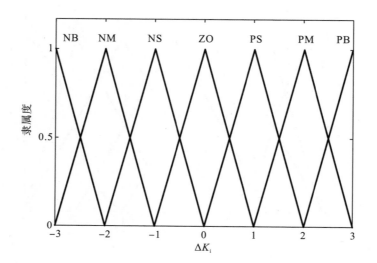

图 6-14　ΔK_i 的隶属度函数曲线

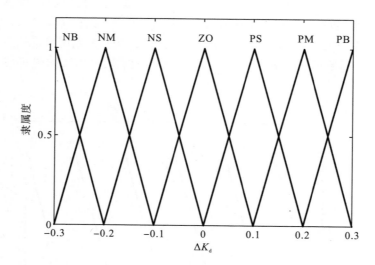

图 6-15　ΔK_d 的隶属度函数曲线

模糊控制规则表的确定一般都需要参考 PEMFC 发电系统的实际情况，同样经过多次仿真分析，选取了文献[93]中所用到的一种传统的模糊规则，如表 6-2 所示。

表 6-2　ΔK_{p}、ΔK_{i}、ΔK_{d} 模糊规则表

e	de/dt						
	NB	NM	NS	ZO	PS	PM	PB
NB	PB/NB/PS	PB/NB/NS	PM/NM/NB	PM/NM/NB	PS/NS/NB	ZO/O/NM	ZO/ZO/PS
NM	PB/NB/PS	PB/NB/NS	PM/NM/NB	PS/NS/NM	PS/NS/NM	ZO/ZO/NS	NS/ZO/ZO
NS	PM/NB/ZO	PM/NM/NS	PM/NS/NM	PS/NS/NM	ZO/ZO/NS	NS/PS/NS	NS/PS/ZO
ZO	PM/NM/ZO	PM/NM/NS	PS/NS/NS	ZO/ZO/NS	NS/PS/NS	NM/PM/NS	NM/PM/ZO
PS	PS/NM/ZO	PS/NS/ZO	ZO/ZO/ZO	NS/PS/ZO	NS/PS/ZO	NM/PM/ZO	NM/PB/ZO
PM	PS/ZO/PB	ZO/ZO/NS	NS/PS/PS	NM/PS/PS	NM/PM/PS	NM/PB/PS	NB/PB/PB
PB	ZO/ZO/PB	ZO/ZO/PM	NM/PS/PM	NM/PM/PM	NM/PM/PS	NB/PB/PS	NB/PB/PB

最后解模糊化选择的是常用的重心法，即将隶属度的加权平均值作为输出，输出具体数值为

$$\mu_i = \frac{\sum_{i=1}^{N} x_x \mu_{i1}(x_i)}{\sum_{i=1}^{N} \mu_{i1}(x_i)} \tag{6-4}$$

根据公式推导的方法就可以计算出在不同的偏差和偏差率下，PID 三个参数 K_{p}、K_{i}、K_{d} 所对应的修正量 ΔK_{p}、ΔK_{i}、ΔK_{d} 的模糊查询表。将这些参数代入 PID 控制器的位置型即式(6-5)，计算后 K_{p}、K_{i}、K_{d} 的值用来实时控制过氧比。

$$\begin{cases} K_{\mathrm{p}} = K_{\mathrm{p}}' + \{e_i, \dot{e}_i\}_{\mathrm{p}} \\ K_{\mathrm{i}} = K_{\mathrm{i}}' + \{e_i, \dot{e}_i\}_{\mathrm{i}} \\ K_{\mathrm{d}} = K_{\mathrm{d}}' + \{e_i, \dot{e}_i\}_{\mathrm{d}} \end{cases} \tag{6-5}$$

模糊 PID 控制器的仿真图如图 6-16 所示。

为了方便更好地比较，在模糊 PID 控制器的仿真中仍采用与 PID 控制器仿真相同的负载电流输入，如图 6-17 所示。

图 6-17 是模糊 PID 控制器过氧比控制情况，反映了过氧比的实际改变状况，与 PID 控制器的控制产生的过氧比实际改变状况基本相同。

图 6-18 是模糊 PID 控制器净功率控制情况，反映了净功率的实际改变状况，也与 PID 控制器的控制产生的净功率变化情况大致相同。

图 6-19 是模糊 PID 控制器空压机电压变化，也与 PID 控制器的控制产生的空压机变化情况及原因大致相同。

图 6-20 是模糊 PID 控制器总功率变化，与 PID 控制器的控制产生的总功率变化情况和原因大致相同。

图 6-21 是模糊 PID 控制器空压机功率变化情况，也与 PID 控制器的控制产生的空压机功率变化情况大致相同。

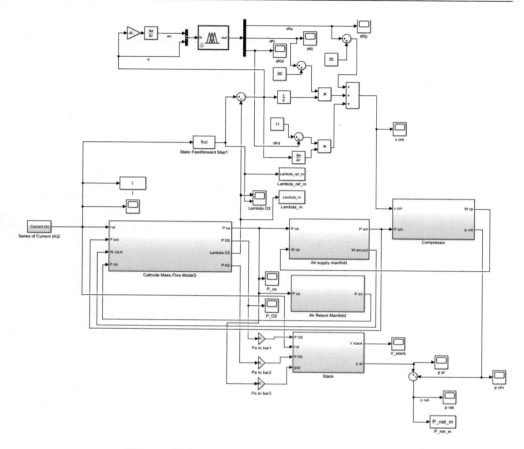

图 6-16　模糊 PID 控制器的 PEMFC 发电系统仿真图

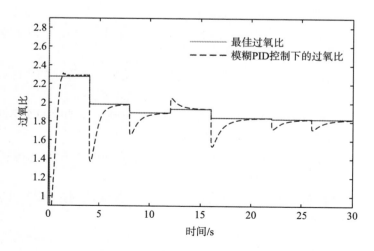

图 6-17　模糊 PID 输出过氧比

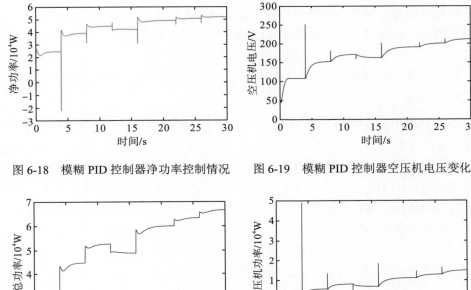

图 6-18　模糊 PID 控制器净功率控制情况　　　图 6-19　模糊 PID 控制器空压机电压变化

图 6-20　模糊 PID 控制器总功率变化　　　　图 6-21　模糊 PID 控制器空压机功率变化

6.2.2　基于级联滑模控制的过氧比闭环控制

级联滑模控制器存在外环和内环的控制,外环控制能够尽量地减小外部环境产生干扰的影响,内环控制能够增强系统对内部参数不确定问题的鲁棒性,最后完成对系统的优良控制。

级联滑模控制结构框图如图 6-22 所示,由一个外部回路和一个内部回路组成。外环是过氧比控制回路,观测器观测得到的过氧比作为外环控制的输入,其与过氧比期望值的差值经过外环调节,产生内环空压机角速度控制的参考信号。内环控制器用于在有限的时间内将速度误差强制为零来产生控制信号,并且速度环的速度比过氧比环快得多。

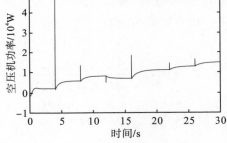

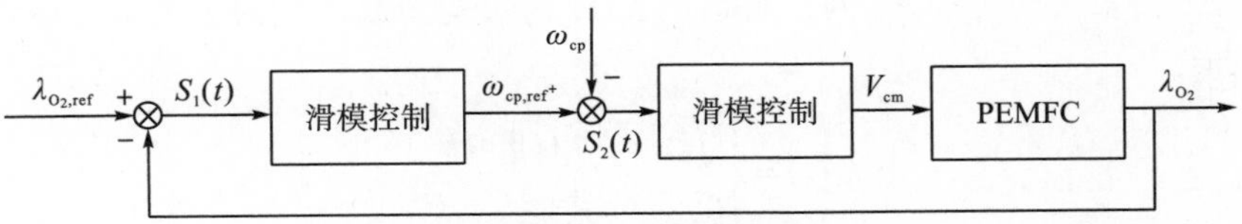

图 6-22　级联滑模控制框图

外环控制器采用改进的滑模控制算法，并具有自适应律调节滑模参数。外环的目的是迫使观测到的过氧比快速跟踪参考值，滑动变量为

$$S_1(t) = \lambda_{O_2,\text{ref}} - \lambda_{O_2} \tag{6-6}$$

改进的滑模控制算法包含两项超螺旋算法的非线性项和两项添加的线性项，如式 (6-7) 所示：

$$\omega_{\text{cp,ref}} = \alpha_1(t)|S_1(t)|^{0.5}\text{sat}(S_1(t)) + \delta_1(t)S_1(t) + \beta_1(t)\int_0^t \text{sat}(S_1(t))\mathrm{d}\tau + \sigma_1(t)\int_0^t S_1(t)\mathrm{d}\tau \tag{6-7}$$

式中，$\alpha_1(t) > 0$、$\beta_1(t) > 0$、$\delta_1(t) > 0$ 和 $\sigma_1(t) > 0$ 是自适应参数，它们随着负载电流的变化而变化。实际上因为在边界上采用连续控制，在边界外实现切换控制，所以饱和函数 $\text{sat}(S_1(t))$ 可以实现分段控制，这样就可以进一步消除抖振现象。饱和函数有三种结构，需要调整边界 $\varDelta$ 以提高性能。同时，边界被手动调整为 $\varDelta=1$。此外，还考虑了 $S_1(t)$ 的一阶导数：

$$\dot{S}_1(t) = \phi_1(t,x) + \varphi_1(t,x)\omega_{\text{cp}} \tag{6-8}$$

$$\phi_1(t,x) = \frac{4FX_{O_2,\text{ca,in}}k_{\text{sm,out}}}{nM_{O_2}I_{\text{st}}(1+\Omega_{\text{atm}})}\left(\frac{\dot{m}_{N_2}R_{N_2}T_{\text{st}}}{M_{N_2}V_{\text{ca}}} + \frac{\dot{m}_{O_2}R_{O_2}T_{\text{st}}}{M_{O_2}V_{\text{ca}}} - \dot{P}_{\text{sm}} + P_{\text{v,ca}}\right) \tag{6-9}$$

$$\varphi_1(t,x) = \frac{4FX_{O_2,\text{ca,in}}k_{\text{sm,out}}B_{10}}{nM_{O_2}I_{\text{st}}(1+\Omega_{\text{atm}})}\left(\frac{T_{\text{atm}}}{\eta_{\text{cp}}} - T_{\text{atm}}\right) \tag{6-10}$$

压缩机角速度出现在 S_1 的一阶导数中，这意味着过氧比相对于压缩机电机转速的相对程度为 1。该回路适用于二阶滑模控制 (SOSM)，并定义 $S_1(t)=0$ 作为滑模面。则存在正常值 $\varGamma_{\text{m1}}$、$\varGamma_{\text{M1}}$ 和 $\varPhi_1$，使得式 (6-8) 有界：

$$\dot{S}_1(t) \in \left|-\varPhi_1,\varPhi_1\right| + \left|-\varGamma_{\text{m1}},\varGamma_{\text{M1}}\right|\omega_{\text{cp}} \tag{6-11}$$

$$|\phi_1(t,x)| \leqslant \varPhi_1, \quad 0 < -\varGamma_{\text{m1}} < \varphi_1(t,x) < \varGamma_{\text{M1}} \tag{6-12}$$

通过对燃料电池发电系统的详细分析和综合仿真，选择滑模面界限为 10^{-3}。那么外部环路的边界值为 $\varPhi_1 = 2.3 \times 10^{-7}$、$\varGamma_{\text{m1}} = 3.5 \times 10^{-7}$ 和 $\varGamma_{\text{M1}} = 7.1 \times 10^{-5}$。此外，式 (6-7) 中的自适应增益表示为

$$\begin{cases} \alpha_1(t) = \varepsilon_{1,1}\sqrt{L_1(t)} \\ \beta_1(t) = \varepsilon_{2,1}L_1(t) \\ \delta_1(t) = \varepsilon_{3,1}L_1(t) \\ \sigma_1(t) = \varepsilon_{4,1}L_1^2(t) \end{cases} \tag{6-13}$$

式中，$\varepsilon_{1,1}$、$\varepsilon_{2,1}$、$\varepsilon_{3,1}$ 和 $\varepsilon_{4,1}$ 为正常数；$L_1(t)$ 为时变函数，且为正数。适应性法则定义如下：

$$L_1(t) = \begin{cases} \sqrt{\xi_1}, & |S_1(t)| \geqslant k_1 \\ 0, & \text{其他} \end{cases} \tag{6-14}$$

当变量 ξ_1 和 k_1 为正数时，可以任意选择。结合式 (6-12) 中的界限，若滑动变

量 $S_1(t)$ 在有限时间内收敛于零，则式 (6-13) 中的参数应根据以下关系选择：

$$4\varepsilon_{2,1}\varepsilon_{4,1} > (8\varepsilon_{2,1} + 9\varepsilon_{1,1}^2)\varepsilon_{3,1}^2 \tag{6-15}$$

控制器参数调整如下：$\varepsilon_{1,1}$=0.03、$\varepsilon_{2,1}$=10.8、$\varepsilon_{3,1}$=0.01、$\varepsilon_{4,1}$=8.5、ξ_1=0.43 和 k_1=0.15。

外环的输出作为内环角速度的参考值。如图 6-22 所示，内环滑模面变量定义为

$$S_2(t) = \omega_{\text{cp,ref}} - \omega_{\text{cp}} \tag{6-16}$$

式中，$S_2(t) = 0$ 为滑模面，滑动模式算法保证其在有限时间内收敛到零。压缩机转速相对于控制信号 u_1 的程度为 1，即 u_1 将出现在滑动变量 $S_2(t)$ 的一阶导数中。$S_2(t)$ 的推导如下：

$$\dot{S}_2(t) = \phi_2(t,x) + \varphi_2(t,x)u \tag{6-17}$$

$$\phi_2(t,x) = \frac{\eta_{\text{cm}}K_t K_v \omega_{\text{cp}}}{J_{\text{cp}}R_{\text{cm}}} + \frac{C_p T_{\text{atm}}W_{\text{cp}}}{\eta_{\text{cp}}\omega_{\text{cp}}}\left[\left(\frac{P_{\text{sm}}}{P_{\text{atm}}}\right)^{\frac{\gamma-1}{\gamma}} - 1\right] \tag{6-18}$$

$$\varphi_2(t,x) = -\frac{\eta_{\text{cm}}K_t}{J_{\text{cp}}R_{\text{cm}}} \tag{6-19}$$

此外，闭环误差动力学被限定为

$$\dot{S}_2(t) \in \left|-\Phi_2, \Phi_2\right| + \left|-\Gamma_{\text{m2}}, \Gamma_{\text{M2}}\right|u \tag{6-20}$$

式中，Γ_{m2}、Γ_{M2} 和 Φ_2 为正数。系数如下：

$$|\phi_2(t,x)| \leqslant \Phi_2, \quad 0 < \Gamma_{\text{m2}} \leqslant \varphi_2(t,x) \leqslant \Gamma_{\text{M2}} \tag{6-21}$$

滑模面的界是任意选取的，这里选取滑模面的界为 10^{-3}，得到 $|\phi_2(t,x)| \leqslant 0.65$ 和 $0 < 5717.7 \leqslant \varphi_2(t,x) \leqslant 6675.9$。

将式 (6-16) 中的误差视为内环滑动变量，改进的滑模控制算法包含两个非线性项和两个线性项，分别如下所示：

$$v_{\text{cm}} = \alpha_2(t)|S_2(t)|^{0.5}\text{sat}(S_2(t)) + \delta_2(t)S_2(t) + \beta_2(t)\int_0^t \text{sat}(S_2(t))\mathrm{d}\tau + \sigma_2(t)\int_0^t S_2(t)\mathrm{d}\tau \tag{6-22}$$

式中，$\alpha_2(t) > 0$、$\beta_2(t) > 0$、$\delta_2(t) > 0$ 和 $\sigma_2(t) > 0$ 是要调整的参数，它们可以通过表达式定义：

$$\begin{cases} \alpha_2(t) = \varepsilon_{1,2}\sqrt{L_2(t)} \\ \beta_2(t) = \varepsilon_{2,2}L_2(t) \\ \delta_2(t) = \varepsilon_{3,2}L_2(t) \\ \sigma_2(t) = \varepsilon_{4,2}L_2^2(t) \end{cases} \tag{6-23}$$

式中，$\varepsilon_{1,2}$、$\varepsilon_{2,2}$、$\varepsilon_{3,2}$ 和 $\varepsilon_{4,2}$ 为正常数，自适应函数表示为

$$\dot{L}_2(t) = \begin{cases} \xi_2, & |S_2(t)| \geqslant k_2 \\ 0, & \text{其他} \end{cases} \tag{6-24}$$

适当选择正参数 ξ_2 和 k_2，得到了有限时间收敛到零的充分条件：

$$4\varepsilon_{2,2}\varepsilon_{4,2} > (8\varepsilon_{2,2} + 9\varepsilon_{1,2}^2)\varepsilon_{3,2}^2 \tag{6-25}$$

最精确的参数集为 $\varepsilon_{1,2}=0.032$、$\varepsilon_{2,2}=9.5$、$\varepsilon_{3,2}=0.015$、$\varepsilon_{4,2}=7.6$、$\xi_2=0.56$ 和 $k_2=1.56$。

以上设计的级联超螺旋滑模控制器，将外环的滑模控制器中的 α、λ、ρ 确定为 $\alpha=5$、$\lambda=27$、$\rho=0.5$，内环的滑模控制器中的 α、λ、ρ 确定为 $\alpha=5$、$\lambda=28$、$\rho=0.5$，基于 MATLAB/Simulink 软件搭建级联滑模控制器，与 PEMFC 发电系统连接，模型如图 6-23 所示。

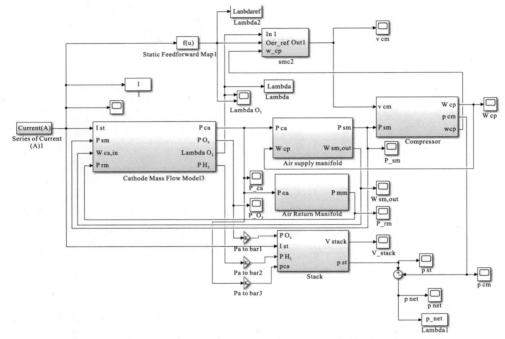

图 6-23　级联滑模控制器的 PEMFC 发电系统仿真图

级联滑模控制器负载电流输入的设置情况如图 6-24 所示。

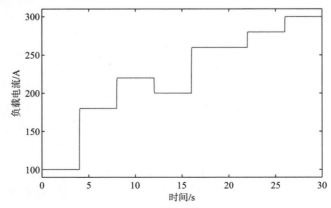

图 6-24　级联滑模控制器负载电流输入设置

　　图 6-25 是级联滑模控制器的过氧比控制效果图,可以看出基本上每个阶段的过氧比都能非常接近各负载电流对应的最佳过氧比,相比于 PID 控制器和模糊PID 控制器的效果都要好。

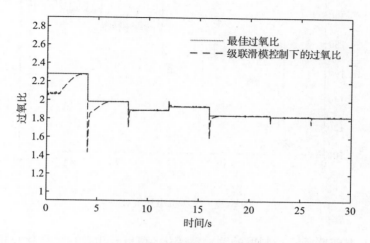

图 6-25　级联滑模控制器输出过氧比

　　图 6-26 是级联滑模控制器的净功率变化,可以看出净功率的抖振现象比较明显,这是因为该控制器对空压机电压的控制瞬态响应很快,导致辅机功率及空压机消耗功率变化很快。

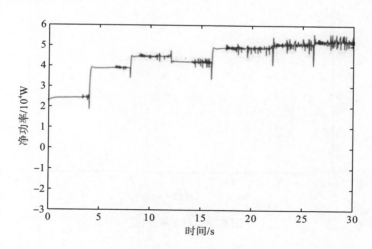

图 6-26　净功率实际控制状况

　　图 6-27 是级联滑模控制器的空压机电压变化,可以看出空压机电压有较明显的抖振,这是因为该控制器对空压机电压的控制瞬态响应很快。

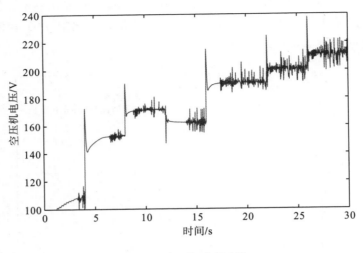

图 6-27   空压机电压变化

图 6-28 是级联滑模控制器的总功率变化，可以看出总功率变化与负载电流变化大致相同且非常稳定，这与级联滑模控制器能够很快完成瞬态响应有关，能够让 PEMFC 发电系统的工作状态尽快达到并保持稳定。

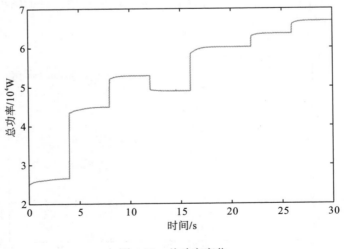

图 6-28   总功率变化

图 6-29 是空压机功率变化，结合图 6-27 可以看出空压机功率的抖振和空压机电压的抖振相同，这也导致系统的净功率产生抖振。

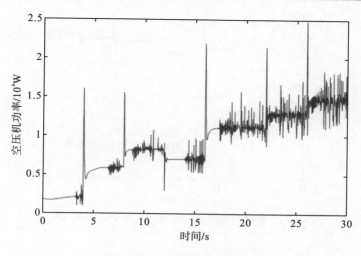

图 6-29　空压机功率变化

6.2.3　结果与分析

将级联滑模控制与模糊 PID 控制下的过氧比输出进行对比，如图 6-30 所示。图中，除了第一个阶段模糊 PID 控制的过氧比相比级联滑模控制能够更快达到稳态值，其他阶段，级联滑模控制调节时间明显都更短。图 6-31 中，可以看出级联滑模控制下，系统净功率有比较明显的抖振现象，这与滑模控制本身的特点相符。但是在工作状态发生变化时，级联滑模控制下系统净功率的阶跃比模糊 PID 控制有一定幅度的减小。

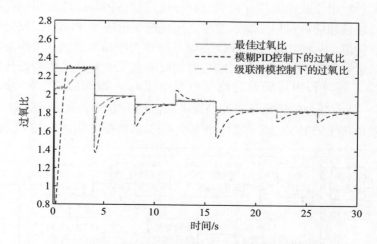

图 6-30　级联滑模控制与模糊 PID 控制下的过氧比输出

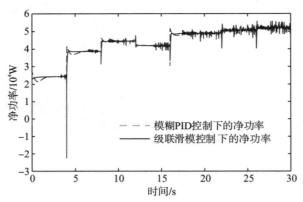

图 6-31　级联滑模控制与模糊 PID 控制输出净功率

6.3　基于最优过氧比的水冷型 PEMFC 发电系统分层控制

6.3.1　最优过氧比分层控制器原理

本节设计一种基于最大净功率的 PEMFC 过氧比分层控制器，用于控制实现 PEMFC 发电系统最大净功率输出。$\lambda_{O_2,\text{ref}}$ 和 θ 分别为过氧比寻优算法输出的过氧比目标值和净功率变化率的阈值；s 和 u 分别为控制器的滑模面和空压机控制电压。其控制策略包含两层：上层控制为基于离线数据和在线数据的过氧比寻优算法；下层控制为超螺旋滑模控制。首先，通过过氧比寻优算法根据 PEMFC 发电系统净功率和输出负载电流搜寻过氧比目标值，随后将其传递给超螺旋滑模控制器。然后，通过超螺旋滑模控制器输出空压机控制电压使 PEMFC 发电系统工作在过氧比目标值，从而实现 PEMFC 发电系统最大净功率控制。所提出的过氧比分层控制可适应负载的快速变化，响应时间短并且无须复杂地重新设计即可获得最大净功率。同时利用可测量的输出电堆电流 I_{st}，增加前馈控制（feedforward control，FF），从而减少过氧比分层控制器单独作用下空气子系统的动态响应时间，前馈控制采用传统的静态函数作为补偿器，控制结构框图如图 6-32 所示。

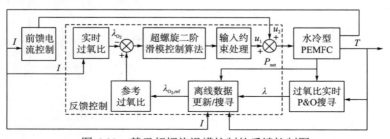

图 6-32　基于超螺旋滑模控制的反馈控制图

6.3.2　基于离线+在线的最优过氧比寻优算法

过氧比寻优算法受 P&O 控制的启发，这种算法主要应用于光伏电池的最大功率点跟踪(MPPT)，PEMFC 发电系统受到一个小的增量(增量大小与电流相关)的干扰，观察输出功率的变化。若输出功率变化为正，则表示输出净功率已经接近最大值；因此，需要当前过氧比目标值附近继续增加。若输出功率变化为负，则表示输出净功率已经远离最大值。因此，需要在当前过氧比目标值附近减小，此时过氧比的增大会增加空压机的消耗，降低净功率，甚至进一步使 PEMFC 发电系统工作在氧饱和区间。此外，PEMFC 发电系统在最大净功率点处存在小范围的振荡，为了避免由此带来的 PEMFC 发电系统运行安全和目标值搜寻的振荡问题，应该选取合适的阈值使 PEMFC 发电系统工作在性能曲线上升区间，同时采用变步长的增量使过氧比目标值逐渐收敛。

首先通过添加过氧比 λ 的正扰动量 $\Delta\lambda$，计算每个周期时间 Δt 中平均输出功率 P_{net}：

$$\Delta\lambda = -0.001I + 0.012 \tag{6-26}$$

$$P_{net} = \frac{P_{net}(t+\Delta t) - P_{net}(t)}{\Delta t} \tag{6-27}$$

将初始平均输出净功率 $P_{net}(0)$ 设置为零。在过氧比寻优算法中，最佳过氧比寻找过程是先输出离线寻优算法值，再通过实时算法调整目标值。

当前周期的平均输出净功率与前一个周期的平均输出净功率之差 ΔP_{net} 代表输出净功率的趋势：

$$\Delta P_{net} = P_{net}(t+1) - P_{net}(t) \tag{6-28}$$

通过确定 ΔP_{net} 是否大于设定的阈值 θ，算法继续执行或终止。

情况一：若 $\Delta P_{net} \geq \theta$，则过氧比参考值低于最佳值。可以通过增加过氧比增量 $\Delta\lambda$ 来提高过氧比，并且过氧比目标值 λ_{t+1} 更新为

$$\lambda_{ref}(k+1) = \lambda_{ref}(k) + \Delta\lambda \tag{6-29}$$

随后等待另一个循环时间 Δt 并通过公式重新计算 ΔP_{net}。

情况二：若 $\Delta P_{net} < -\theta$，则 PEMFC 发电系统可能会达到氧饱和区间。可以通过减小过氧比增量 $\Delta\lambda$ 来降低过氧比比值。

$$\lambda_{ref}(k+1) = \lambda_{ref}(k) - \Delta\lambda \tag{6-30}$$

情况三：若 $-\theta \leq \Delta P_{net} < \theta$，则当前过氧比被设定为最佳过氧比 λ_{ref}。

在搜寻过程中，阈值 θ 不能等于零，这是因为若 ΔP_{net} 为负，则当前过氧比已超过最佳值，并且有可能进入氧饱和区间。选择合适的阈值 θ 会影响最终的最佳过氧比。此外，循环时间 Δt 的长度决定了整个过程的速度，并且由性能曲线可知，随着电流的增加，过氧比 λ 的变化对系统的影响更加明显，这说明增量 $\Delta\lambda$ 应随电

流的变化而变化。此外，增量 $\Delta\lambda$ 还应随 I 的增加而减小，这样做有利于使过氧比目标值的变化趋于稳定。

根据过氧比稳态特性曲线可知，过氧比 P&O 算法根据系统净功率的变化率 ΔP 的正负值判断系统性能曲线处在上升或下降区间。然而，这种寻优方法存在搜寻时间长、搜寻目标值不稳定导致净功率输出不稳的缺点。为了弥补 P&O 算法的缺点，将离线数据拟合公式(6-28)作为过氧比目标值的初始值，提高系统的搜寻和响应速度。

根据实验得出不同负载电流条件下对应最大净功率的过氧比，随后通过 Polynomial 拟合出负载电流、净功率和过氧比的最优性能曲面，利用多元回归法可以得到最大净功率关于负载电流与过氧比的关系，如式(6-31)所示，通过式(6-31)搜寻当前过氧比目标值传递给下层超螺旋滑模控制器。

$$P_{\text{net}} = -0.0673I^2 - 9217\lambda^2 + 15.4I + 72.11I\lambda \tag{6-31}$$

在所提出的算法中，测量 PEMFC 发电系统的净功率变化率 ΔP_{net} 和过氧比 λ 在检测到恒定的外部负载电流 I_{st} 之后实时更新。首先根据实验得出不同负载电流条件下对应最大净功率的过氧比，然后通过式(6-31)搜寻当前的过氧比目标值传递给下层超螺旋滑模控制器。随后监测负载电流的变化值，$\Delta I=0$ 说明 PEMFC 进入恒电流模式，此时打开过氧比实时寻优算法，搜寻实时过氧比最优值。

算法 6-1 简要总结了所提出的过氧比寻优算法。

算法 6-1　过氧比寻优算法

1. 基于 PEMFC 最优性能曲面输出离线过氧比参考值 λ_{ref}
2. 设置在线寻优初始值：$\Delta P_{\text{net}}=0$、$\lambda(0)=\lambda_{\text{ref}}$
   设置在线寻优参数：Δt、$\Delta\lambda$、$\lambda_{\min}$、$\lambda_{\max}$、θ
3. 若 $\Delta I>0$，则开启过氧比实时寻优算法
   添加过氧比 λ 的正扰动量 $\Delta\lambda$，代入式(6-27)和式(6-28)计算 ΔP_{net}
   情况一：若 $\Delta P_{\text{net}} \geqslant \theta$，则代入式(6-29)更新过氧比
   情况二：若 $\Delta P_{\text{net}} < -\theta$，则代入式(6-30)更新过氧比
   情况三：若 $-\theta \leqslant \Delta P_{\text{net}} < \theta$，则返回当前过氧比
4. 输出实时过氧比参考值，关闭过氧比实时寻优算法，进入下一个循环时间

由于要求 ΔP_{net} 大于设定的阈值 θ，以确保能够进行搜索工作，因此在第一周期之后，初始平均输出功率的值为零。过氧比 λ 只能减小到最小值 $\lambda_{\min}$，以避免出现氧饥饿现象导致 PEMFC 发电系统的输出净功率下降。

6.3.3　超螺旋滑模控制器设计

超螺旋滑模控制是众多滑模控制算法中的一种，特别适用于具有相对阶为 1

的系统[51,54]。它通过选择适当的参数克服了传统滑模控制的缺陷，非常适合应用于实际工程中。该算法与 Twisting 算法在某种程度上具有相似性，算法沿着某个扭曲的轨迹在有限时间内收敛。超螺旋滑模控制最鲜明的特点是该算法对相对阶为 1 的系统具有直接适用性。连续控制动作的合成以及算法的控制律中不含有对导数的测量，使得该算法能有效避免输出测量噪声和导数估计时可能出现的错误[84,88]。同时，控制器利用可测量的负载电流 I_{st} 增加前馈控制，从而减少滑模控制器单独作用下空气子系统的动态响应时间，其中前馈控制采用传统的静态函数作为补偿器。该控制器将 PEMFC 的实时过氧比作为闭环控制的输入，与过氧比参考值的差值经过控制器产生空压机控制信号，与前馈控制信号一起实现对空压机输出气体流量的控制[68,70,85,88,92]。

可将 PEMFC 发电系统看成非线性动态系统：

$$\dot{x} = f(x) + g(x)u \tag{6-32}$$

式中，$x \in X \subset \mathbf{R}^n$ 为系统的状态变量；$u \in U \subset \mathbf{R}^n$ 为系统控制输入；$f(x)$、$g(x)$ 都是未知的光滑函数。

为了实现过氧比的滑模控制，首先要选取合适的切换函数 S。选取运行过程中的实际过氧比 λ_{O_2} 与期望过氧比 $\lambda_{O_2,\mathrm{ref}}$ 的偏差作为滑模控制的切换函数，将空压机驱动电压 v_{cm} 作为控制器输出。根据滑模控制算法进行控制器设计：

$$S(x) = \lambda_{O_2} - \lambda_{O_2,\mathrm{ref}} \tag{6-33}$$

通常过氧比定义为进入阴极流道的氧气质量流量 $W_{O_2,\mathrm{in}}$ 与阴极流道中参与电化学反应所消耗的氧气质量流量 $W_{O_2,\mathrm{react}}$ 的比值，即[20]

$$\lambda_{O_2} = \frac{W_{O_2,\mathrm{in}}(P_{\mathrm{sm}}, m_{O_2}, m_{N_2})}{W_{O_2,\mathrm{react}}(I_{\mathrm{st}})} \tag{6-34}$$

因此，$W_{O_2,\mathrm{react}}$ 与负载电流关系密切，$W_{O_2,\mathrm{in}}$ 与状态变量 P_{sm}、m_{O_2} 和 m_{N_2} 相关[20]，如下所示：

$$W_{O_2,\mathrm{in}} = \frac{X_{O_2,\mathrm{ca,in}} K_{\mathrm{sm,out}}}{(1 + \Omega_{\mathrm{atm}})} \left(P_{\mathrm{sm}} - \frac{m_{O_2} R_{O_2} T_{\mathrm{st}}}{M_{O_2} V_{\mathrm{ca}}} - \frac{m_{N_2} R_{N_2} T_{\mathrm{st}}}{M_{N_2} V_{\mathrm{ca}}} - P_{\mathrm{v,ca}} \right) \tag{6-35}$$

将式(6-35)、式(6-2)代入式(6-34)，得到过氧比与系统状态变量的关系如下：

$$\lambda_{O_2} = \frac{4F X_{O_2,\mathrm{ca,in}} K_{\mathrm{sm,out}}}{n M_{O_2} I_{\mathrm{st}} (1 + \Omega_{\mathrm{atm}})} \left(P_{\mathrm{sm}} - \frac{m_{O_2} R_{O_2} T_{\mathrm{st}}}{M_{O_2} V_{\mathrm{ca}}} - \frac{m_{N_2} R_{N_2} T_{\mathrm{st}}}{M_{N_2} V_{\mathrm{ca}}} - P_{\mathrm{v,ca}} \right) \tag{6-36}$$

同时滑模面满足：

$$\dot{s} = \frac{\mathrm{d}s}{\mathrm{d}x}(f(x) + g(x)u) \tag{6-37}$$

同时，为了满足所有状态变量收敛于切换面，且满足在切换面滑动的要求，当系统状态变量到达切换面 $s(x) = 0$ 附近时，需要保证 Lyapunov 函数小于 0：

$$\begin{cases} V = \dfrac{1}{2}s^2 \\ \dfrac{dV}{dt} = s\dfrac{ds}{dt} < 0 \end{cases} \tag{6-38}$$

现有的二阶滑模控制算法都已经对不确定性做了全局有界假设[32,39,41]，即存在正常数 C、K_M、K_m，对于 $\forall x \in X$，$\forall u \in U$，满足：

$$\begin{cases} 0 < K_m < \dfrac{\partial}{\partial u}\dot{s} < K_M \\ \left| \dfrac{\partial}{\partial x}\dot{s} \right| \leqslant C \end{cases} \tag{6-39}$$

普通的二阶滑模控制器具有抖振特性，本章采用的超螺旋滑模控制算法是二阶滑模控制的一种，通过在控制回路中增设一个积分器，可以对抖振现象进行抑制[14,15,20,22,42]，超螺旋滑模控制算法形式如式（6-40）所示：

$$\begin{cases} u_1 = -\alpha |s|^{1/2}\operatorname{sgn}(s) + u^1 \\ \dot{u}^1 = -\beta \operatorname{sgn}(s) \end{cases} \tag{6-40}$$

式中，$\operatorname{sgn}(s)$ 为符号函数；α、β 为待定参数。

对滑模变量进行求导，可得

$$\dot{s} = \frac{\partial}{\partial t}s(x,t) + \frac{\partial}{\partial x}s(x,t) \cdot (f(x) + g(x,u)) \tag{6-41}$$

如果控制电压 u 出现在滑模变量一阶导数中，表明过氧比关于空压机角速度的相对阶为 1，那么外环过氧比控制环的主要作用为有限时间内满足，对滑模变量求导得

$$\dot{s} = \dot{\lambda}_{O_2,\mathrm{ref}} - \dot{\hat{\lambda}}_{O_2} = -\frac{4FX_{O_2,\mathrm{ca,in}}K_{sm,\mathrm{out}}}{nM_{O_2}I_{st}(1 + \Omega_{\mathrm{atm}})}\left(\dot{P}_{sm} - \frac{\dot{m}_{O_2}R_{O_2}T_{st}}{M_{O_2}V_{ca}} - \frac{\dot{m}_{N_2}R_{N_2}T_{st}}{M_{N_2}V_{ca}} - P_{v,ca} \right) \tag{6-42}$$

$$X_{O_2,\mathrm{ca,in}} = \frac{Y_{O_2,\mathrm{ca,in}}M_{O_2}}{Y_{O_2,\mathrm{ca,in}}M_{O_2} + \left(1 - Y_{O_2,\mathrm{ca,in}}\right)M_{N_2}} \tag{6-43}$$

式中，$Y_{O_2,\mathrm{ca,in}}$ 为进入阴极的氧气质量摩尔分数；$K_{sm,\mathrm{out}}$ 为阴极管道系数；n 为燃料电池数（381）；F 为法拉第常数；P_{sm} 为空气供应管道压力（Pa）；m_{O_2} 为阴极侧氧气质量（kg）；m_{N_2} 为阴极侧氮气质量（kg）。根据文献[47]可得 P_{sm} 的一阶导数包括控制电压 u，而 m_{O_2}、m_{N_2} 的一阶导数均不含控制电压 u。

进一步简化为

$$\dot{s} = \phi_1(x,t) + \varUpsilon_1(x,t)u(t) \tag{6-44}$$

正常数 $\varGamma_{m1}$、$\varGamma_{M1}$、$\varPhi_1$ 均为合适的边界值，满足：

$$\begin{cases} |\phi_1(x,t)| \leqslant \varPhi_1 \\ 0 < \varGamma_{m1} \leqslant \varUpsilon_1(x,t) \leqslant \varGamma_{M1} \end{cases} \tag{6-45}$$

那么，外环误差动态满足以下范围：

$$\dot{s} \in \left[-\Phi_1, \Phi_1\right] + \left[-\Gamma_{m1}, \Gamma_{M1}\right]\omega_{cp} \tag{6-46}$$

边界选择为 1×10^{-3}，对 PEMFC 发电系统进行分析，并经过多次仿真和计算以确保系统工作在安全范围内，得到以下系统边界：

$$\begin{cases} \left|\phi_1(x,t)\right| \leqslant 2.3 \times 10^{-7} \\ 0 < 3.5 \times 10^{-7} \leqslant \Upsilon_1(x,t) \leqslant 7.1 \times 10^{-5} \end{cases} \tag{6-47}$$

从而式(6-40)中参数根据滑模面有限时间收敛的充分条件，得到

$$\alpha^2 \geqslant \frac{4\Phi_1}{\Gamma_{m1}^2} \frac{\Gamma_{M1}(\beta + \Phi_1)}{\Gamma_{m1}(\beta - \Phi_1)}, \quad \beta > \frac{\Phi_1}{\Gamma_{m1}} \tag{6-48}$$

超螺旋滑模控制算法的优势在于它仅仅需要 s 的信息，不需要 ds 的信息，当系统关于 s 的相对阶数为 1（即 ds 中含有显式的 u）时，可直接应用而不需要引入新的控制量。控制器的控制电压信号 $u=u_1+u_2$，前馈控制信号 u_2 在一定程度上能够使得滑模变量达到滑模面附近：

$$u_2 = k_1 I + k_2 \tag{6-49}$$

式中，$k_1=0.672519480$，$k_2=33.554115643$。反馈控制信号 u_1 根据超螺旋滑模控制算法得到，前馈控制信号 u_2 为关于电流 I 的一次函数，由于 u_2 是通过对 PEMFC 发电系统整个工作范围进行离线测试的方式获得的，这种前馈获取方式并不是特别准确，但却是目前最常用的前馈方式。算法增加了前馈控制，能够直接针对外界对系统的扰动做出反应，在一定程度上这比仅利用反馈对系统进行控制更加迅速。

6.3.4　闭环系统控制稳定性证明

考虑 Super-twisting 控制器：

$$\dot{Z}_1 = -K_1\left|Z_1\right|^{1/2}\text{sgn}(Z_1) + Z_2, \quad \dot{Z}_2 = -K_2\text{sgn}(Z_1) \tag{6-50}$$

正定二次型函数 V 为备选 Lyapunov 函数：

$$V = \zeta^{\text{T}} P \zeta \tag{6-51}$$

式中，$\zeta = \left[\left|Z_1\right|^{1/2}\text{sgn}(Z_1) \quad Z_2\right]^{\text{T}}$，矩阵 $P = \dfrac{1}{2}\begin{bmatrix} 4K_2 + K_1^2 & -K_1 \\ -K_1 & 2 \end{bmatrix}$ 为正定矩阵，除了在 $e_1(t) = 0$ 处，对于 $e_1(t) \neq 0$，$V(t)$ 连续且处处可微，如果 $K_2 > 0$，则 $V(t)$ 为连续正定函数且径向无界，即

$$\lambda_{\min}\{P\}\left\|\varsigma\right\|_2^2 \leqslant V(t) \leqslant \lambda_{\max}\{P\}\left\|\varsigma\right\|_2^2 \tag{6-52}$$

式中，$\lambda_{\min}\{P\}$ 和 $\lambda_{\max}\{P\}$ 分别为矩阵 P 的最小特征值和最大特征值；欧几里得空间 $\mathbf{R}^2$ 上的欧几里得范数 $\left\|\varsigma\right\|_2^2$ 为

$$\left\|\varsigma\right\|_2^2 = \left|Z_1\right| + Z_2^2 \tag{6-53}$$

且满足不等式 $|Z_1|^{1/2} \leqslant \|\varsigma\|_2 \leqslant \dfrac{V^{1/2}(\zeta)}{\lambda_{\min}^{1/2}\{\boldsymbol{P}\}}$ 。因此，Lyapunov 函数的导数 $\dot{V}$ 沿着系统的

轨迹为

$$\dot{V}(\zeta) = \dot{\zeta}^{\mathrm{T}}\boldsymbol{P}\zeta + \zeta^{\mathrm{T}}\boldsymbol{P}\dot{\zeta} = -\left(\mu_1 \frac{1}{2|Z_1|^{1/2}} + \mu_2\right)\zeta^{\mathrm{T}}\boldsymbol{Q}\zeta \tag{6-54}$$

矩阵 $\boldsymbol{Q}$ 满足代数 Lyapunov 方程（ALE）[12,81]：

$$\boldsymbol{A}^{\mathrm{T}}\boldsymbol{P} + \boldsymbol{P}\boldsymbol{A} = -\boldsymbol{Q} \tag{6-55}$$

选择正定的矩阵 $\boldsymbol{P} = \boldsymbol{P}^{\mathrm{T}}$ 可以解式（6-55）的 ALE，那么矩阵 $\boldsymbol{A} = \begin{bmatrix} -K_1 & 1 \\ -K_2 & 0 \end{bmatrix}$，

$K_1 > 0$ 和 $K_2 > 0$，意味着矩阵 $\boldsymbol{A}$ 为 Hurwitz 矩阵，对于任意正定对称矩阵有

$\boldsymbol{Q} = \boldsymbol{Q}^{\mathrm{T}} > 0$，此外：

$$\dot{\zeta} = \frac{\boldsymbol{A}\zeta}{2|Z_1|^{1/2}} = \begin{bmatrix} -K_1 & 1 \\ -K_2 & 0 \end{bmatrix} \cdot \frac{\zeta}{2|Z_1|^{1/2}} \tag{6-56}$$

那么，结合式（6-51），Lyapunov 函数的导数 $\dot{V}$ 满足以下关系：

$$\begin{aligned}
\dot{V}(\zeta) &= -\left(\mu_1 \frac{1}{2|Z_1|^{1/2}} + \mu_2\right)\zeta^{\mathrm{T}}\boldsymbol{Q}\zeta \\
&\leqslant -\mu_1 \frac{\lambda_{\min}\{\boldsymbol{Q}\}}{2|Z_1|^{1/2}}\|\varsigma\|_2^2 - \lambda_{\min}\{\boldsymbol{Q}\}\mu_2\|\varsigma\|_2^2 \\
&\leqslant -\mu_1 \frac{\lambda_{\min}\{\boldsymbol{Q}\}\lambda_{\min}^{1/2}\{\boldsymbol{P}\}}{2\lambda_{\max}\{\boldsymbol{P}\}}V^{1/2}(\zeta) - \mu_2 \frac{\lambda_{\min}\{\boldsymbol{Q}\}}{\lambda_{\max}\{\boldsymbol{P}\}}V(\zeta) \\
&= -\hbar_1(Q,\mu_1)V^{1/2}(\zeta) - \hbar_2(Q,\mu_2)V(\zeta)
\end{aligned} \tag{6-57}$$

式中

$$\begin{cases} \hbar_1(Q,\mu_1) = \mu_1 \dfrac{\lambda_{\min}\{\boldsymbol{Q}\}\lambda_{\min}^{1/2}\{\boldsymbol{P}\}}{2\lambda_{\max}\{\boldsymbol{P}\}} \\ \hbar_2(Q,\mu_2) = \mu_2 \dfrac{\lambda_{\min}\{\boldsymbol{Q}\}}{\lambda_{\max}\{\boldsymbol{P}\}} \end{cases} \tag{6-58}$$

$\hbar_1(Q,\mu_1)$ 和 $\hbar_2(Q,\mu_2)$ 的值为标量，取决于矩阵 $\boldsymbol{Q}$、μ_1 和 μ_2，矩阵 $\boldsymbol{Q} = \dfrac{K_1}{2} \cdot$ $\begin{bmatrix} 2K_2 + K_1^2 & -K_1 \\ -K_1 & 1 \end{bmatrix}$，$\mu_1 = 1$，$\mu_2 = 0$。如果矩阵 $\boldsymbol{Q} > 0$，正好使得 $K_1 > 0$ 和 $K_2 > 0$，$\dot{V}(\zeta)$ 负定，则算法轨迹在有限时间内收敛。

从 Lyapunov 不等式（6-57）中可计算超螺旋滑模从任意轨迹收敛到原点的限制时间，对于 $K_1 > 0$、$K_2 > 0$ 以及 $\mu_2 = 0$，当 $\mu_1 = 1$ 时，SM_STW 从初始值 $\zeta_{\mathrm{inner}}(0)$

处出发，最多在该时间范围内到达原点：

$$T_{\text{controller}} = \frac{2}{\hbar_1(Q,\mu_1)} V^{1/2}\left(\zeta_{\text{inner}}(0)\right) \tag{6-59}$$

在有限的时间内，系统误差将达到对应的滑模面并保持滑动模态，在有限时间内稳定地收敛于原点。

6.3.5　过氧比分层控制方法验证

根据建立的 75kW PEMFC 模型，通过半实物平台对方法进行验证，由闭环系统控制稳定性证明可知，若满足系统误差在有限时间内收敛于原点，需要在收敛范围内对控制器参数进行选取，本节从理论和实验选取合适的控制器参数，随后设计验证实验，验证过氧比分层控制的优越性。

过氧比分层控制中的控制参数 α、β 的选取对控制系统的性能至关重要。这里通过实验研究在负载电流由 100A 到 180A 的加载过程中，控制参数如何选取。

图 6-33 为不同控制参数 α 对过氧比搜寻效果的影响。由图可知，在负载电流 I 由 100A 到 180A 的加载过程中，控制参数 α 的逐步增加会使过氧比的超调量逐步降低，超调量由控制参数 $\alpha=50$ 时的 0.95% 逐步降低接近于零。但从图中可以明显看出随着控制参数 α 的增加，过氧比的响应速度会有所降低，响应时间由 $\alpha=50$ 时的 4.42s 增加至 $\alpha=110$ 时的 4.605s，说明控制参数 α 对响应的时滞特性过补偿，增加了系统的响应时间。综合考虑，过氧比分层控制的控制参数选取 $\alpha=90$ 为最佳。

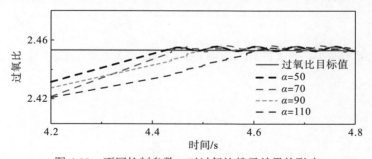

图 6-33　不同控制参数 α 对过氧比搜寻效果的影响

图 6-34 为不同控制参数 β 对过氧比搜寻效果的影响。由图可知，在负载电流由 0A 到 100A 的加载过程中，控制参数 β 的逐步减小会使过氧比的响应时间显著缩短，响应时间由控制参数 $\beta=10$ 时的 4.4s 缩短至 $\beta=4$ 时的 1.8s。但从图中可以看出，随着控制参数 β 的减小会导致过氧比的超调量有所增加，由 $\beta=10$ 时的接近于 0% 增加至 $\beta=4$ 时的 0.15%，说明控制参数 β 的降低会减弱系统的抗干扰能力。综合考虑，过氧比分层控制的控制参数选取 $\beta=8$ 为最佳。

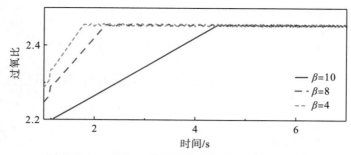

图 6-34　不同控制参数 β 对过氧比搜寻效果的影响

　　在图 6-35 的电流工况下，图 6-36 中描述了模型在不同负载电流的瞬态变化下压缩机的质量流量、压力比、空压机转速之间的动态变化。如图所示，在负载电流阶跃上升时刻，空压机转速的变化比与 P&O 算法相比的情况下变化较平滑且压力比也较小；在负载电流下降过程中，空压机运行轨迹回旋的趋势也较为平稳，这有利于压缩机避开喘振区域，运行在安全区域。

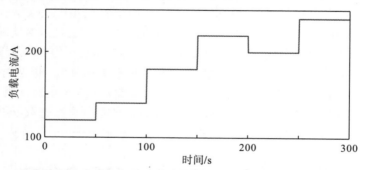

图 6-35　测试 PEMFC 发电系统实时最大净功率跟踪算法工况

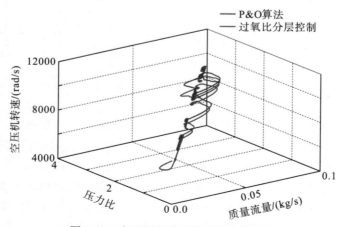

图 6-36　在不同方法下空压机性能对比

过氧比分层控制方法与 P&O 算法均通过跟踪最大净功率点从而达到过氧比最优值，图 6-37 显示在不同算法下实现 PEMFC 发电系统输出净功率变化情况。

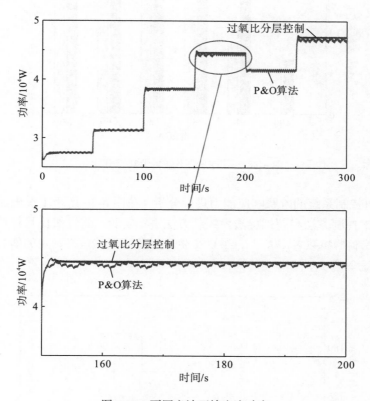

图 6-37　不同方法下输出净功率

由图 6-37 可以看出，系统运行在过氧比分层控制的寻优值下，PEMFC 发电系统净功率高于运行 P&O 算法下的净功率且输出性能更加稳定。与系统运行在 P&O 算法下相比，系统在过氧比分层控制寻优调节下的净功率最大提升了 1.691%。随着负载电流的增加，系统在过氧比分层控制寻优调节下的净功率更加稳定。

为了进一步说明过氧比分层控制的优越性，对两种方法的辅机消耗功率百分比进行对比分析，从图 6-38 中可以看出，过氧比分层控制的辅机消耗率低于 P&O 算法，分别在负载电流为 100A、140A、180A、220A、200A、240A 时降低了 2%、6%、4.5%、2.3%、3%、4.6%。

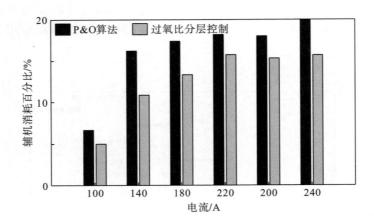

图 6-38　不同方法下辅机消耗百分比

为了对控制系统的阶跃响应能力进行分析，在图 6-39 所示工况电流下，分别对传统 PID 控制方法和超螺旋滑模控制方法进行实验，将过氧比目标值定为 2。传统 PID 控制器参数 K_p、K_i、K_d 经过实验反复在线调试最终确定的值为 $K_p=700$、$K_i=175$、$K_d=2$。

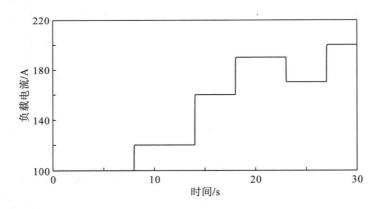

图 6-39　测试 PEMFC 发电系统实时最大净功率跟踪算法工况

由图 6-40 可知在输出电流突变的情况下，两种控制方法均可使 PEMFC 发电系统运行在过氧比目标值处，在稳定区间，与传统 PID 控制方法相比，超螺旋滑模控制的超调量更小，平均超调量提升 1.41%，响应速度更快，平均调节时间缩短 0.24s。具体性能对比如表 6-3 所示。综上所述，实现对最优过氧比的寻优并使 PEMFC 发电系统运行在最优过氧比运行区域有利于 PEMFC 发电系统长期高效运行。

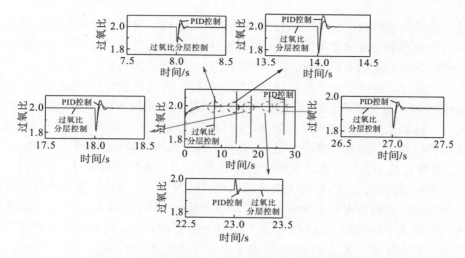

图 6-40　过氧比分层控制与 PID 控制系统响应对比

表 6-3　过氧比分层控制与 P&O 算法、PID 控制算法的性能比较

电流/A	算法	响应时间/s	调节时间/s	超调量/‰	净功率/kW
140	分层控制	1	0.32	1.75	27.5
	P&O 算法	1.05	振荡	12	27.5
	PID 控制算法	0.05	0.83	3	27.3
180	分层控制	2	0.63	2.4	31.3
	P&O 算法	2.06	振荡	14.3	31.3
	PID 控制算法	0.1	0.92	4.5	31.1
220	分层控制	4.2	0.55	2	44.7
	P&O 算法	4.3	振荡	16.1	44.7
	PID 控制算法	0.1	0.74	73.75	44.6
200	分层控制	2.01	0.64	1	41.7
	P&O 算法	2.08	振荡	15.7	41.7
	PID 控制算法	0.1	0.79	1.5	41.6
240	分层控制	3.8	0.89	1.5	47.4
	P&O 算法	3.87	振荡	16.5	47.4
	PID 控制算法	0.17	0.91	2.5	47.3
平均调节时间缩短		0.24s			
平均超调量减少		1.41%			
平均功率提升		1.691%			

6.4　本　章　小　结

　　本章基于实验数据详细分析了过氧比对系统功率最优运行特性的影响，分别提出了基于自适应模糊 PID 控制和级联滑模控制的燃料电池发电系统过氧比控制

方法，并开展实验对方法的动态特性进行了对比分析。测试了燃料电池发电系统在不同负载电流下过氧比对净功率的影响并在此基础上设计了过氧比分层控制方法，同时在所构建的 RT-LAB HIL 半实物平台上进行了实验验证。针对相对阶为 2 的空气系统，提出了基于最优过氧比的 PEMFC 发电系统分层控制方法，利用 Lyapunov 函数证明了滑模控制作用下系统的稳定性。结果表明，对比实验中的系统运行在过氧比分层控制的寻优值下，PEMFC 发电系统净功率高于运行在 P&O 算法下的净功率且输出性能更加稳定，过氧比分层控制的辅机消耗率低于 P&O 算法。这表明在稳态特性方面过氧比分层控制优于实时 P&O 算法搜寻，更有利于系统运行于稳定区域，从而避免"氧饥饿"和"氧饱和"。对比实验中的基于过氧比分层控制的超螺旋滑模的响应时间短，超调量小，这表明在动态特性方面过氧比分层控制优于传统的 PID 控制，故过氧比分层控制可使 PEMFC 发电系统运行于最优过氧比区域。实现 PEMFC 发电系统实时最优过氧比运行，有利于 PEMFC 发电系统长期高效运行，提高了系统的经济性、资源利用性，对 PEMFC 发电系统的实际工程应用具有积极意义。

第7章 含观测器的水冷型燃料电池发电系统控制技术

前述关于燃料电池发电系统供氧量的研究，大多数是采用空压机输送的空气质量流量间接估计过氧比实现的。虽然可以使用空气质量流量传感器估计过氧比，但空气质量流量传感器的测量精度与环境温度和压力有关，容易影响系统的评估指标，当下采用的评估技术中非线性状态观测器因其准确快速性，适合用来估计电堆内部不可测变量。本章介绍一种与系统状态相对度匹配、基于混合多阶滑模观测器(HMSMO)的燃料电池发电系统过氧比估计方法。利用滑模观测器估计过氧比，通过调节空压机控制电压，控制空压机转速，进而有效控制空压机的响应速度和进入阴极的空气流量，实现空气侧进气和电堆净功率输出的优化控制。

7.1 滑模观测器设计

7.1.1 混合多阶滑模观测器设计

由于过氧比的准确估计所涉及的状态变量不可直接测量，本节采用混合多阶滑模观测器对水冷型燃料电池发电系统进行有效估计。实际上，含观测器的模型相当于原系统增加了输出修正项，不需要附加任何的状态转换。通过可观测矩阵的逆来定义注入修正向量的增益，使得测量误差具有一定的相对阶数。

考虑以下非线性仿射系统的状态空间模型：

$$\begin{aligned}\dot{\hat{x}} &= f(\hat{x}) + g(u) + G(\hat{x})v(\hat{y} - y)\\ \hat{y} &= h(\hat{x})\end{aligned} \tag{7-1}$$

设计该观测器是使系统可观部分具有适当的附加修正项 v。其中 $G(\hat{x})$ 是输出注入矩阵。将状态输出误差定义为 $e = \hat{y} - y$，状态估计误差定义为 $\tilde{x} = \hat{x} - x$，则估计误差动态为

$$\begin{aligned}\dot{\tilde{x}} &= f(\hat{x}) - f(x) + G(\hat{x})v(e)\\ e &= h(\hat{x}) - h(x)\end{aligned} \tag{7-2}$$

输出注入增益矩阵应根据相对度的不同满足以下关系：

$$O(\hat{x})G(\hat{x}) = N = \underbrace{\left[\begin{bmatrix} 0 & 0 & \cdots & 0 \\ \vdots & \vdots & & \vdots \\ 1 & 0 & \cdots & 0 \end{bmatrix}_{r_1 \times 3} \begin{bmatrix} 0 & 0 & \cdots & 0 \\ \vdots & \vdots & & \vdots \\ 0 & 1 & \cdots & 0 \end{bmatrix}_{r_2 \times 3} \cdots \begin{bmatrix} 0 & 0 & \cdots & 0 \\ \vdots & \vdots & & \vdots \\ 0 & 0 & \cdots & 1 \end{bmatrix}_{r_3 \times 3} \right]^{\mathrm{T}}}_{N矩阵} \quad (7\text{-}3)$$

输出误差动力学方程用下列微分方程组表示：

$$\bar{e}_i^{\bar{r}_i} = L_f^{\bar{r}_i} \bar{h}_i(\hat{x}) - L_f^{\bar{r}_i} \bar{h}_i(x) - L_{\Delta f} L_{\Delta f}^{\bar{r}_i - 1} \bar{h}_i(x) + v_i(\bar{e}) , \quad i = 1, 2, \cdots, m \quad (7\text{-}4)$$

式中，r_i 为能使系统可观测时各种状态的可观测指标。

假设原系统动态模型是可观测的，则下面的平方可观测矩阵应该为满秩。但由于部分状态需要估计，仅需保证可直接测量的输出对应的矩阵可观，所以系统的可观测矩阵不需要是满秩的。

$$O(x) = \begin{bmatrix} \mathrm{d}h(x) \\ \partial L_f h(x) \\ \partial L_f^2 h(x) \\ \partial L_f^3 h(x) \end{bmatrix} \in \mathbf{R}^{12 \times 6} \quad (7\text{-}5)$$

式中，$\mathrm{d} = \partial/\partial x = \partial/\partial x_1, \cdots, \partial/\partial x_6$ 为梯度算子，$L_f h(x) = (\partial h(x)/\partial x) \cdot f$ 为李导数。由于可观测矩阵高度复杂，并且它们的状态相关且高度非线性，为了设计观测器，需要研究系统可观测矩阵的状态子集，确定一个非奇异矩阵。

该方法将选择 6 行 12×6 的可观测矩阵，由于 $\sum_{i=1}^{3} r_i = 6$，将从 $O(x)$ 选择可观测矩阵 $O_{\mathrm{ide}}(x)$ 的方法有 10 种，如表 7-1 所示。

表 7-1　可观测矩阵 $O_{\mathrm{ide}}(x)$ 的可能组别

可观测指标	编号	r_1	r_2	r_3	编号	r_1	r_2	r_3
	①	2	2	2	⑥	1	2	3
	②	2	1	3	⑦	1	3	2
可能性组合	③	3	1	2	⑧	2	3	1
	④	3	2	1	⑨	1	1	4
	⑤	1	4	1	⑩	4	1	1

通过计算方程中矩阵的行列式，采用约化平方阵的方法来观测矩阵并研究系统的可观测性。该方法通过 MATLAB 中的 fminsearch 函数进行选择，搜索计算每个矩阵的平方行列式的最小值。若发现 $J(x_{\mathrm{opt}})$ 的最小值非零，则可证明 6×6 矩阵不是奇异的，可观测矩阵是可逆的。若 $J(x_{\mathrm{opt}})$ 为非零或离零足够远，则可以确保在可观测矩阵中避免可能的数值奇点。最小值验证如表 7-2 所示。

表 7-2 最小值验证

起始点						$J(x_{\text{opt}})$
$x_{1(0)}$	$x_{2(0)}$	$x_{3(0)}$	$x_{4(0)}$	$x_{5(0)}$	$x_{6(0)}$	最小值
5100	1.48×10^5	0.03	0.0012	0.008	1.28×10^5	6.8472×10^{46}
8100	1.97×10^5	0.06	0.0017	0.01	1.17×10^5	1.535×10^{47}
11100	4.9×10^4	0.1	0.0027	0.09	2.46×10^5	4.9088×10^{39}
500	5.4×10^5	0.03	0.0012	0.8	4.24×10^5	2.0368×10^{52}

通过对空压机转速、供应管道压力和返回管道压力的计算，在随机选择初始值的状态下，可观测矩阵的行列式远大于零。

由于滑模控制算法在存在干扰的系统中具有优越的鲁棒性，本节采用滑模控制算法建立观测器。由于外部扰动和未知量的存在，在传统的滑模控制算法中，实际被控量是滑模变量的一阶导数，而其一阶导数是不连续的，即实际被控量是不连续的，传统滑模控制由于高频切换项将产生不可避免的抖振现象。因此，在确定可观测指标时，首先应该避免运用一阶滑模，故在研究中首先排除组别⑤⑨⑩。对于所述的 PEMFC 模型，可观测指标考虑为 $r_1=1$，$r_2=2$，$r_3=3$。

因此，PEMFC 发电系统的可观测矩阵如下：

$$\boldsymbol{O}_{\text{ide}}(\boldsymbol{x})=\left[\frac{\partial h_1}{\partial \boldsymbol{x}},\frac{\partial h_2}{\partial \boldsymbol{x}},\frac{\partial L_f h_2}{\partial \boldsymbol{x}},\frac{\partial h_3}{\partial \boldsymbol{x}},\frac{\partial L_f h_3}{\partial \boldsymbol{x}},\frac{\partial L_f^2 h_3}{\partial \boldsymbol{x}}\right]_{6\times6}^{\text{T}}$$

$$=\begin{bmatrix} 1 & 0 & 0 & 0 & 0 & 0 \\ 0 & 1 & 0 & 0 & 0 & 0 \\ & & \mathrm{d}f_2(x_1,x_2,x_3,x_4,x_5) & & & \\ 0 & 0 & 0 & 0 & 0 & 1 \\ & & \mathrm{d}f_6(x_4,x_5,x_6) & & & \\ & & \mathrm{d}L_f f_6(x_4,x_5,x_6) & & & \end{bmatrix} \tag{7-6}$$

输出注入增益矩阵 $\boldsymbol{G}(\hat{\boldsymbol{x}})$ 的形式如下：

$$\boldsymbol{O}_{\text{ide}}(\boldsymbol{x})\boldsymbol{G}(\boldsymbol{x})=\boldsymbol{N}=\begin{bmatrix} 1 & 0 & 0 \\ 0 & 0 & 0 \\ 0 & 1 & 0 \\ 0 & 0 & 0 \\ 0 & 0 & 0 \\ 0 & 0 & 1 \end{bmatrix} \tag{7-7}$$

最后，燃料电池的观测器设计如下：

$$
\begin{bmatrix} \dot{\hat{x}}_1 = \dot{\hat{\omega}}_{cp} \\ \dot{\hat{x}}_2 = \dot{\hat{P}}_{sm} \\ \dot{\hat{x}}_3 = \dot{\hat{M}}_{sm} \\ \dot{\hat{x}}_4 = \dot{\hat{M}}_{O_2} \\ \dot{\hat{x}}_5 = \dot{\hat{M}}_{N_2} \\ \dot{\hat{x}}_6 = \dot{\hat{P}}_{rm} \end{bmatrix} = \begin{bmatrix} f_1(\hat{x}_1, \hat{x}_2) \\ f_2(\hat{x}_1, \hat{x}_2, \hat{x}_3, \hat{x}_4, \hat{x}_5) \\ f_3(\hat{x}_1, \hat{x}_2, \hat{x}_4, \hat{x}_5) \\ f_4(\hat{x}_2, \hat{x}_4, \hat{x}_5, \hat{x}_6) \\ f_5(\hat{x}_2, \hat{x}_4, \hat{x}_5, \hat{x}_6) \\ f_6(\hat{x}_4, \hat{x}_5, \hat{x}_6) \end{bmatrix} + \begin{bmatrix} \eta_{cm} \dfrac{k_t}{J_{cp}R_{cm}} \\ 0 \\ 0 \\ 0 \\ 0 \\ 0 \end{bmatrix} v_{cm} + \begin{bmatrix} 0 \\ 0 \\ 0 \\ -n\dfrac{M_{O_2}}{4F} \\ 0 \\ 0 \end{bmatrix} I_{st} + \boldsymbol{O}_{ide}^{-1}(\hat{\boldsymbol{x}})\boldsymbol{N}\boldsymbol{v} \quad (7\text{-}8)
$$

由式 (7-8) 可知输入向量 $\boldsymbol{v} = [v_1, v_2, v_3]^T$ 是三维的。每个输出注入项 v_1 可以使用高阶滑模控制算法，使得估计误差在有限时间内接近于零。输出和估计误差动态定义如下：

$$
\begin{aligned}
e_1 &= \hat{y}_1 - y_1 = \hat{\omega}_{cp} - \omega_{cp} \\
e_2 &= \hat{y}_2 - y_2 = \hat{P}_{sm} - P_{sm} \\
e_3 &= \hat{y}_3 - y_3 = \hat{P}_{rm} - P_{rm}
\end{aligned} \tag{7-9}
$$

$$
\begin{bmatrix} \dot{e}_1 \\ \ddot{e}_2 \\ \dddot{e}_3 \end{bmatrix} = \begin{bmatrix} L_f h_1(\hat{\boldsymbol{x}}) - L_f h_1(\boldsymbol{x}) + v_1(e_1) \\ L_f^2 h_2(\hat{\boldsymbol{x}}) - L_f^2 h_2(\boldsymbol{x}) + v_2(e_2) \\ L_f^3 h_3(\hat{\boldsymbol{x}}) - L_f^3 h_3(\boldsymbol{x}) + v_3(e_3) \end{bmatrix} \tag{7-10}
$$

滑动阶数是指状态量的连续全微分在滑模面上为零的数目。输出修正项将通过可观测指数的每个特定值 r_i 来设计。因此，针对不同的相对阶数采用对应的 r_i 阶滑模控制算法稳定估计误差动力学，使每一个状态的估计误差与对应的 r_i 阶导数为零，保证每一个估计状态都能稳定在滑模集 $s(r_i)$ 上。

对于状态 x_1，$r_1=1$（状态 1）：根据滑模集的定义，可以采用一阶滑模控制算法。采用二阶滑模控制算法的控制输入 u 是连续的，它是通过对 u 导数的积分得到的，能够削弱系统的抖振现象。因此，状态 1 使用超螺旋滑模控制算法，如下所示：

$$
v_1 = -\alpha_1 \cdot |e_1|^{1/2} \cdot \mathrm{sgn}(e_1) - \lambda_1 \int \mathrm{sgn}(e_1) \mathrm{d}t \tag{7-11}
$$

超扭曲控制器参数为 $\alpha_1=3.5$，$\lambda_1=3$。

同理，对于状态 x_2，$r_2=2$（状态 2）：根据滑模集的定义，应该使用二阶滑模控制算法，保证供应管道压力的估计值误差足够小，准确得到实际系统中的值。因此，状态 2 使用超螺旋滑模控制算法，如下所示：

$$
v_2 = -\alpha_2 \cdot |e_2|^{1/2} \cdot \mathrm{sgn}(e_2) - \lambda_2 \int \mathrm{sgn}(e_2) \cdot \mathrm{d}t \tag{7-12}
$$

超扭曲控制器参数为 $\alpha_2=12$，$\lambda_2=4$。

对于状态 x_3，$r_3=3$（状态 3）：根据滑模集的定义，应该使用三阶滑模控制算法，保证回流管道压力的估计值误差足够小，准确得到实际系统中的值。因此，状态 3 使用拟连续三阶滑模控制算法，其形式如下：

$$
v_3 = -\alpha_3 \frac{\ddot{e}_3 + 2(|\dot{e}_3| + |e_3|^{2/3})^{-1/2} \cdot (\dot{e}_3 + |e_3|^{2/3} \mathrm{sgn}(e_3))}{|\ddot{e}_3| + 2(|\dot{e}_3| + |e_3|^{2/3})^{1/2}} \tag{7-13}
$$

为了实现式 (7-11) 中的控制器，第三变量 e_3 只需要输出误差的第一阶和第二阶导数。它们也可以用二阶通用滑模微分器在有限的时间内进行估计。e_3 的齐次微分器如下：

$$\dot{z}_{3,0} = -\lambda_{3,0} \left| z_{3,0} - \sigma_3 \right|^{2/3} \mathrm{sgn}(z_{3,0} - \sigma_3) + z_{3,1}$$

$$\dot{z}_{3,1} = -\lambda_{3,1} \left| z_{3,1} - \dot{z}_{3,0} \right|^{1/2} \mathrm{sgn}(z_{3,1} - \dot{z}_{3,0}) + z_{3,2} \qquad (7\text{-}14)$$

$$\dot{z}_{3,2} = -\lambda_{3,2} \, \mathrm{sgn}(z_{3,2} - \dot{z}_{3,1})$$

微分常数 λ 通常为足够大的常数，滑模控制器和微分器的所有参数都是根据式 (7-13) 和式 (7-14) 提出的，系统动态调整为 $n=2$，$\lambda_{3,0}=16.2$，$\lambda_{3,1}=33.2$，$\lambda_{3,2}=535$，$\alpha_3=1460$。

7.1.2　混合多阶滑模观测器稳定性分析

由文献[92]中的引理可知，对于式 (7-8) 中设计的混合多阶滑模观测器，如果观测器矩阵 $\boldsymbol{O}_{\mathrm{ide}}$ 是非奇异的，那么只要保证式 (7-9) 和式 (7-10) 中的输出误差及其相应各阶导数为零，那么就能保证系统状态的估计误差为零。由于式 (7-9) 中的三个子模块互相解耦[94]，那么可分别对观测器的三个状态进行稳定性分析，从而确定混合多阶滑模观测器的稳定性。混合多阶滑模观测器控制结构如图 7-1 所示。

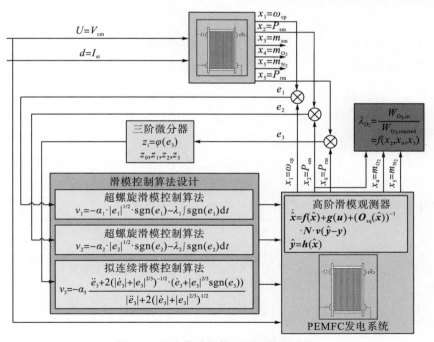

图 7-1　混合多阶滑模观测器控制结构

1. 超螺旋滑模控制算法稳定性证明

根据文献[78]，超螺旋滑模控制算法可表示为

$$u(t) = -\alpha |x|^{1/2} \operatorname{sgn}(x) - \lambda \int \operatorname{sgn}(x)\, \mathrm{d}t \tag{7-15}$$

式中，$\lambda > 0$、$\alpha > 0$ 为设计参数；$\operatorname{sgn}(x)$ 为符号函数。

采用状态变化，可将式(7-15)表示为以下形式：

$$\begin{aligned} \dot{x} &= -\alpha |x|^{1/2} \operatorname{sgn}(x) + y \\ \dot{y} &= -\lambda \operatorname{sgn}(x) \end{aligned} \tag{7-16}$$

考虑二次型 $V(x, y)$ 为 Lyapunov 备选函数[95]：

$$V_1(x, y) = \xi^{\mathrm{T}} \boldsymbol{P} \xi \tag{7-17}$$

式中，$\xi^{\mathrm{T}} = [|x|^{1/2}\operatorname{sgn}(x), y]$。$V(x, y)$ 是正定函数，且除了 $x = 0$，V 函数是处处可微的。而系统状态除非系统收敛到原点，否则不会一直停留在 $x = 0$。利用 $\mathrm{d}|x|/\mathrm{d}t = \dot{x}\operatorname{sgn}(x)$，可求得

$$\dot{\xi} = \begin{bmatrix} \dfrac{1}{2}|x|^{-1/2}\ \dot{x} \\[2mm] \dot{y} \end{bmatrix} \tag{7-18}$$

整理式(7-16)和式(7-17)可得

$$\dot{\xi} = \begin{bmatrix} \dfrac{1}{2}|x|^{-1/2}\ \dot{x} \\[2mm] \dot{y} \end{bmatrix} = \begin{bmatrix} \dfrac{1}{2}|x|^{-1/2}\left(-\alpha |x|^{1/2}\operatorname{sgn}(x) + y\right) \\[2mm] -\lambda \operatorname{sgn}(x) \end{bmatrix} \tag{7-19}$$

可将式(7-19)整理为

$$\dot{\xi} = \begin{bmatrix} |x|^{-1/2} & 0 \\ 0 & |x|^{-1/2} \end{bmatrix} \begin{bmatrix} -\dfrac{1}{2}a & \dfrac{1}{2} \\[2mm] -\lambda & 0 \end{bmatrix} \begin{bmatrix} |x|^{1/2}\operatorname{sgn}(x) \\ y \end{bmatrix} = |x|^{-1/2}\boldsymbol{A}\xi \tag{7-20}$$

式中，$\boldsymbol{A} = \begin{bmatrix} -\dfrac{1}{2}\lambda & \dfrac{1}{2} \\[2mm] -\alpha & 0 \end{bmatrix}$，对任意正定对称矩阵 $\boldsymbol{Q}$，存在一个正定对称矩阵 $\boldsymbol{P}$，满足 Lyapunov 方程，$\boldsymbol{A}^{\mathrm{T}}\boldsymbol{P} + \boldsymbol{P}\boldsymbol{A} = -\boldsymbol{Q}$，对 $V(x, y)$ 求导有

$$\dot{V}_1 = -\frac{1}{|x|^{1/2}} \xi^{\mathrm{T}} \boldsymbol{Q} \xi \tag{7-21}$$

根据文献[90]和[92]中定理 5.2 可知，当 $Q=I$ 时，收敛时间最优，其中 I 为单位矩阵。

此时 Lyapunov 函数 $V(x, y)$ 的导数为

$$\dot{V}_1(x) = -\frac{1}{|x|^{1/2}} \xi^{\mathrm{T}} \xi < 0 \tag{7-22}$$

式中，$\xi^{\mathrm{T}}\xi = |x| + y^2 > 0$，$\dot{V}_1(x) < 0$。因此，系统能够在有限时间内收敛到零，满足系统稳定性的要求。

2. 拟连续三阶滑模控制算法稳定性证明

选择 Lyapunov 备选函数为 $V = \dfrac{1}{2}\xi^2$，求导得

$$\dot{V} = \xi\dot{\xi} = \xi(\dddot{s} + \chi\ddot{s} + \varphi\dot{s} + \delta s) \tag{7-23}$$

式中，χ、φ、δ 均为常数。滑模面及其时间导数用相对阶为 3 的勒旺 (Levant) 滑模微分器表示为

$$u = -\alpha_3 \frac{\ddot{e} + 2\left(|\dot{e}| + |e|^{2/3}\right)^{-1/2}\left(\dot{e} + |e|^{2/3}\,\mathrm{sgn}(e)\right)}{|\ddot{e}| + 2\left(|\dot{e}| + |e|^{2/3}\right)^{1/2}} \tag{7-24}$$

此时在控制律的作用下，滑模面将收敛于原点，滑模集为 $\xi = \left\{e_3 \big| s = \dot{s} = \ddot{s} = 0\right\}$，整理式 (7-23) 和式 (7-24) 可得

$$\begin{aligned}
\dot{V} &= \xi\left(\Delta - \alpha_3 \frac{\ddot{\xi} + 2\left(|\dot{\xi}| + |\xi|^{2/3}\right)^{-1/2}\left(\dot{\xi} + |\xi|^{2/3}\,\mathrm{sgn}(\xi)\right)}{|\ddot{\xi}| + 2\left(|\dot{\xi}| + |\xi|^{2/3}\right)^{1/2}}\right) \\
&= \xi\Delta - \alpha_3\|\xi\| \frac{\ddot{\xi}\,\mathrm{sgn}\,\xi + 2\left(|\dot{\xi}| + |\xi|^{2/3}\right)^{-1/2}\left(\dot{\xi}\,\mathrm{sgn}\,\xi + |\xi|^{2/3}\right)}{|\ddot{\xi}| + 2\left(|\dot{\xi}| + |\xi|^{2/3}\right)^{1/2}}
\end{aligned} \tag{7-25}$$

由文献 [90] 可知：$\left(|\dot{\xi}| + |\xi|^{2/3}\right)^{-1/2}\left(\dot{\xi}\,\mathrm{sgn}\,\xi + |\xi|^{2/3}\right) \leqslant \left(|\dot{\xi}| + |\xi|^{2/3}\right)^{1/2}$，$\ddot{\xi}\,\mathrm{sgn}\,\xi \leqslant |\ddot{\xi}|$，因此

$$\dot{V} \leqslant \Delta\xi - \alpha_3\|\xi\| \frac{|\ddot{\xi}| + 2\left(|\dot{\xi}| + |\xi|^{2/3}\right)^{1/2}}{|\ddot{\xi}| + 2\left(|\dot{\xi}| + |\xi|^{2/3}\right)^{1/2}} \tag{7-26}$$

式中，Δ 为有界的不确定扰动部分，且 $\|\Delta\| < d$，$d > 0$；α_3 为控制算法系数，通过仿真可得。根据 Lyapunov 稳定性定律，若要保证系统稳定，则 $\dot{V}_\xi < 0$。那么

$$\dot{V} \leqslant \mathrm{d}\xi - \alpha_3\|\xi\| < 0 \tag{7-27}$$

又因为 $\|\xi\| > \xi$，要使系统稳定，只需使得 $\alpha_3 > d$，就可满足系统的稳定性要求，保证系统状态在有限时间内收敛。

7.1.3　结果分析

为了验证基于混合多阶滑模观测器的 PEMFC 发电系统过氧比估计方法的有效性，在完成 Simulink 模型搭建的基础上，在半实物仿真平台中搭建 PEMFC 发电系统模型，并基于 DSP TMS28335 控制器编写估计算法与 RT-LAB 目标机连接，搭建 HIL 测试系统，实现系统实时运行，并通过上位机对系统的运行状态进行实时监控。

1．收敛性能测试

为了验证混合多阶滑模观测器估计过氧比的收敛性，将使用了匹配系统状态相对度的混合多阶滑模控制算法与不匹配系统状态相对度的常规一阶滑模控制算法观测器相对比。首先让 PEMFC 发电系统在 0～4s 内负载电流保持为 100A，在 4～8s 内负载电流保持为 180A，8～12s 内保持为 220A，在 12～16s 内负载电流将突降为 200A 模拟减载过程，16～20s 负载电流上升至 250A，20～26s 保持为 280A，26s 以后增至最大值 300A，且一直保持至结束。

如图 7-2(a)～(c)所示，基于混合多阶滑模观测器估计方法的空压机转速（x_1）、供应管道压力（x_2）和回流管道压力（x_6）在存在测量噪声扰动的前提下，与实际输出值的误差在有限时间内收敛趋近于零，不产生大幅度抖振且能够有效抑制测量扰动带来的误差。

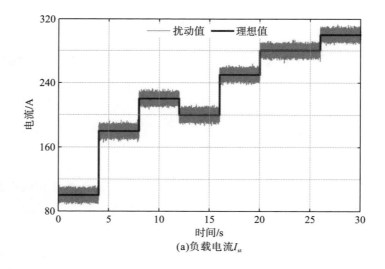

(a)负载电流I_{st}

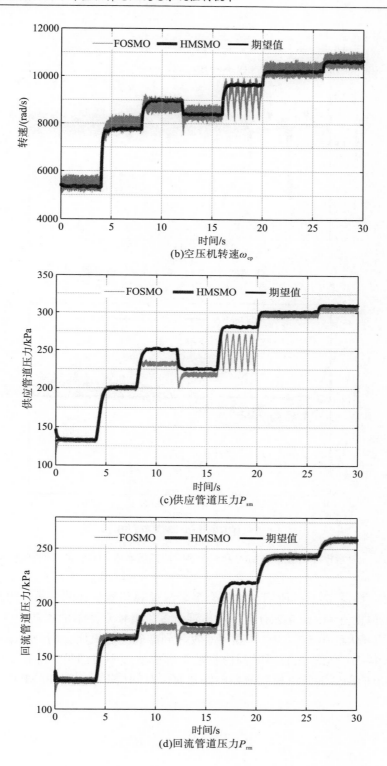

(b)空压机转速ω_{cp}

(c)供应管道压力P_{sm}

(d)回流管道压力P_{rm}

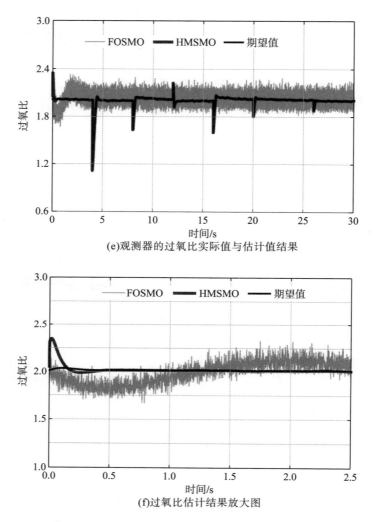

(e)观测器的过氧比实际值与估计值结果

(f)过氧比估计结果放大图

图 7-2　一阶滑模观测器(FOSMO)和混合多阶滑模观测器(HMSMO)的收敛性能比较

　　同时，如图 7-2(e)所示，由混合多阶滑模观测器估计的过氧比可以准确跟踪过氧比预设值。由图 7-2(f)可以看出混合多阶滑模观测器的收敛速度快，有限时间内(即在大约 0.5s 之内)，观察器收敛到准确的过氧比。而一阶滑模观测器存在较大抖振，无法在有限时间内收敛至理想值，不能满足闭环控制条件。综上，所提出的混合多阶滑模观测器能够在有限时间内准确估计 PEMFC 发电系统的过氧比。

2. 鲁棒性能测试

在实际应用中，PEMFC 发电系统与用于观测器设计的系统模型之间不会完全匹配，并且存在环境等外部扰动影响，容易引起鲁棒性能恶化。为了检验所提出估计方法的鲁棒性，引入测量噪声：在负载电流中加入 65dB 的高斯白噪声模拟负载扰动，在三个可测量状态中加入信噪比为 89dB 的高斯白噪声模拟实际系统中的环境干扰。

实验中将基于混合多阶滑模观测器的估计方法与一阶滑模观测器方法进行对比，验证混合多阶滑模观测器对测量扰动的敏感度和抗干扰能力，实验结果如图 7-3 所示。

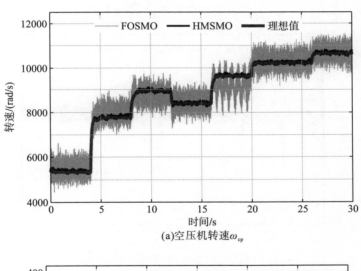

(a)空压机转速ω_{cp}

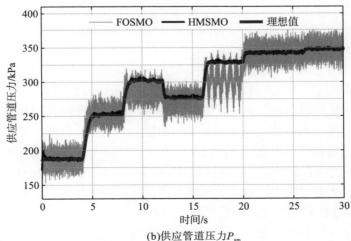

(b)供应管道压力P_{sm}

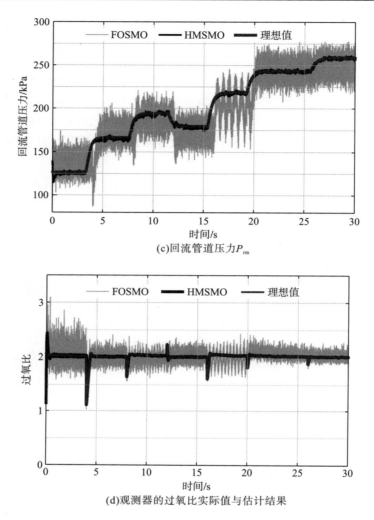

(c)回流管道压力P_{rm}

(d)观测器的过氧比实际值与估计结果

图7-3　一阶滑模观测器(FOSMO)和混合多阶滑模观测器(HMSMO)过氧比估计鲁棒性能比较

　　图 7-3 显示了在一系列带扰动的阶跃变化下，空压机转速(x_1)、供应管道压力(x_2)和回流管道压力(x_6)的跟踪效果。由图 7-3(a)～(c)可知，一阶滑模观测器在存在噪声的情况下存在严重的抖振现象，并且与实际值偏差较大，因此图 7-3(d)中 FOSMO 过氧比的估计产生强烈的抖振和较大的误差；而混合多阶滑模观测器即使在加入了测量噪声的扰动下，测量状态仍对扰动不敏感，表现出较强的鲁棒性，只有较小的抖振，提高了过氧比估计的准确度，因此图 7-3(d)中 HMSMO 过氧比的输出更接近理想值，避免了实现闭环有效控制时因抖振带来的极大不便，能够延长 PEMFC 发电系统的使用寿命。

　　由表 7-3 可以看出，相比于一阶滑模观测器，混合多阶滑模观测器的抖振有效地减小，有较强的鲁棒性能，且估计偏差较小，能够避免较大抖振而影响系统性能，为实现闭环控制性能提供有力基础。

表 7-3　一阶滑模观测器(FOSMO)和混合多阶滑模观测器(HMSMO)的性能比较

观测器类型	平均抖振边界	输出偏差
FOSMO	$-0.16 \sim 0.5$	0.096
HMSMO	$-0.015 \sim 0.008$	0.007

7.2　含滑模观测器的过氧比控制技术

7.2.1　燃料电池最优净功率特性分析

燃料电池发电系统需要适应广泛的运行条件，如频繁的启动/停止工作周期、突然的负载调整和可变的功率水平。因此，PEMFC 发电系统的最佳运行会根据负载需求的变化而改变空气供应质量流量。过氧比由于氧气的耗尽而下降，氧气的耗尽导致电堆电压的急剧下降，即使压缩机电压随电流的增加而瞬时响应，堆栈电压中仍存在瞬态迟滞效应，因此电堆总功率、净功率也会受到影响。本节通过如图 7-4 所示的工况评估其输出动态特性。在实验中，暂不考虑外部干扰，而是建立理想的 PEMFC 发电系统模型并研究其功率特性。

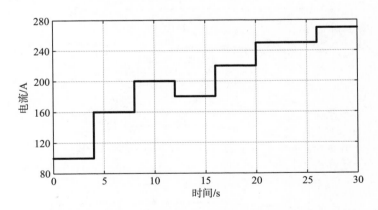

图 7-4　测试 PEMFC 发电系统最大净功率跟踪算法的负载工况

从图 7-5 中的第 20s 之后可以看出，尽管电堆功率增加，但由于空压机电机消耗的辅机功率较高，净功率仍然降低。这是因为当过氧比达到最佳值后，过氧比的进一步增加将导致空压机功率的增加，因此输出净功率降低。

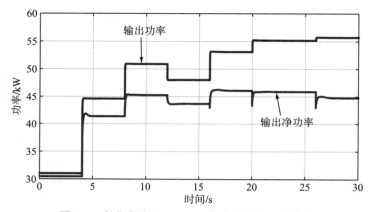

图 7-5　负载变化下 PEMFC 发电系统的功率特性

　　燃料电池电堆输出电压与负载电流的乘积就是电堆输出功率，是衡量 PEMFC 发电系统性能的重要指标。研究大功率 PEMFC 发电系统时不能忽略整个系统辅助设备产生的辅机功率。本节在对燃料电池建模时就将温度、湿度系统以及控制阀门的功率消耗忽略，因此电堆输出功率与辅机消耗的功率之差就是电堆输出净功率。由图 7-5 可知，PEMFC 发电系统的净功率与过氧比中存在最优净功率特性。因此，为了提高 PEMFC 发电系统的净功率，需要得到系统过氧比与 PEMFC 发电系统净功率特性的关系。通过控制空压机电机输入电压以获得相应的稳态过氧比与系统净功率，实验结果如图 7-6 所示。

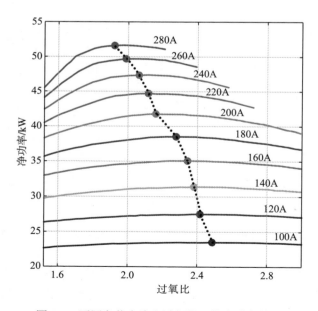

图 7-6　不同负载电流和过氧比下的净功率特性

由图 7-6 可知，可以通过调节过氧比获得不同负载电流下的最优净功率点，通过对图 7-6 中的最优净功率点拟合得到净功率的最优运行轨迹。系统最优净功率点的范围内过氧比在 1.9～2.5 变化，当超过过氧比区间时，电堆净功率将呈下降趋势。

根据不同负载电流下的最优功率，用 Origin 拟合可以得到如图 7-7 所示的输出特性曲线。

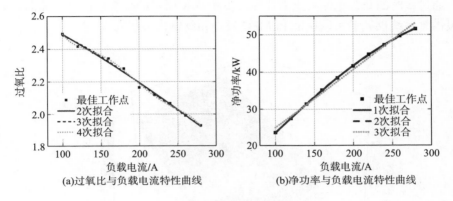

(a)过氧比与负载电流特性曲线　　　　　　(b)净功率与负载电流特性曲线

图 7-7　输出特性曲线拟合图

拟合效果分析结果如表 7-4 和表 7-5 所示。其中，RCS 为残差均方，为数据点与拟合直线上相应位置的差异的平方和，取值越小代表拟合残差越小；COD 为决定系数，衡量拟合方程与真实样本数据之间的相似程度，取值为 0～1，取值越大拟合效果越好；ARS 为校正决定系数，取值范围为负无穷到 1，大多是 0～1，且越大越好，但需要注意接近 1 时小心过拟合。

表 7-4　过氧比与负载电流特性拟合评价指标对比

拟合次数	RCS	COD	ARS
2	0.000363	0.99344	0.99016
3	0.000426	0.99359	0.98846
4	0.000276	0.99667	0.99251

表 7-5　净功率与负载电流特性拟合评价指标对比

拟合次数	RCS	COD	ARS
1	0.18725	0.98941	0.98808
2	0.01459	0.99988	0.99984
3	0.00635	0.99995	0.99993

由表 7-4 和表 7-5 可分析出：当拟合次数为 4 时，过氧比与负载电流拟合的精度最高，当拟合次数为 3 时，净功率与负载电流拟合精度最高。通过分段多项式多元拟合方法获得最优功率轨迹如式(7-28)所示，并可得到最优功率特性曲面，如图 7-8 所示。

$$P_{\text{net}} = -0.00062I_{\text{st}}^2 - 7.42\lambda_{\text{O}_2}^2 - 0.062I_{\text{st}}\lambda_{\text{O}_2} + 0.501I_{\text{st}} - 30\lambda_{\text{O}_2} + 24.6 \tag{7-28}$$

通过实时的负载电流与过氧比拟合如图 7-8 所示的系统最优功率曲面，调节阴极供气系统供氧量可以保证 PEMFC 发电系统输出最优功率。

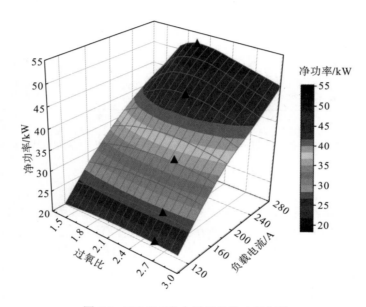

图 7-8 PEMFC 发电系统最优功率曲面

7.2.2 基于滑模观测器和拟连续高阶滑模反馈控制的净功率优化控制

为解决水冷型 PEMFC 发电系统空压机辅机损耗与快速供给空气流量之间的关联耦合问题，考虑到过氧比估计时部分变量不可直接测量，系统实际运行中存在较大扰动，设计一种基于混合多阶滑模观测器(HMSMO)和拟连续高阶滑模(QCHOSM)反馈控制的燃料电池发电系统净功率优化控制方法。在系统运行中，负载电流被视为可测量的外部干扰变量，由于系统净功率与过氧比存在矛盾的关系，以恒定的过氧比运行，不能使系统的净功率在不同的负载变化下以更高的净功率运行。因此，根据系统净功率与过氧比、负载电流的关系，寻得不同负载电流变化下的最优净功率和过氧比，参见第 6 章。考虑到过氧比的准确计算需要内部不可直接测量的变量，HMSMO 运用多阶滑模控制算法使可直接测量的变量准确跟随实际值，考虑到 PEMFC 发电系统的强耦合性会导致基于 HMSMO 所获得的过氧比估计值与最优运行轨迹所获得的过氧比参考值存在差值，因此为提高 PEMFC 发电系统净功率，应采用合适的控制方法对过氧比进行无差调节，使净功率能够运行在最优轨迹上。

传统的 PID 控制器设定参数可能不再适用于 PEMFC 非线性系统的充分控制，参考值与实际信号之间会存在稳态误差。为了减小稳态误差，采用滑模控制代替传统的 PID 控制。超螺旋滑模控制器的控制定律由以下表达式定义：

$$u = -\lambda |s|^{1/2} \mathrm{sat}(s) - W \int_0^t \mathrm{sat}(s) \mathrm{d}\tau \tag{7-29}$$

式中，为使滑动控制律在有限时间内收敛，所需的控制器参数选择为 $\lambda=85$、$W=7\lambda$ 以满足式 (7-29) 在有限时间内收敛。

为了减小扰动对系统动态响应的影响，本节采用拟连续高阶滑模控制算法进行控制。确定滑模变量为过氧比实际值与期望值的误差：

$$S_1 = \lambda_{O_2} - \lambda_{O_2}^* \tag{7-30}$$

然而，由于传统滑模控制中存在高频的不连续切换项，必然会导致受控对象不连续且产生抖振现象。但高阶滑模控制通过堆滑模面高阶导数的积分作用，能够使实际控制量在时间上处于连续状态，且削弱抖振现象。运用滑模控制算法之前应根据滑动变量与控制信号的相对度，确定滑模控制算法的阶数。因此，首先对滑动变量求导：

$$
\begin{aligned}
\dot{S}_1 &= \dot{\lambda}_{O_2} - \dot{\lambda}_{O_2}^* = \frac{X_{O_2,\mathrm{in}}}{1+\Omega_{\mathrm{in}}} \cdot \frac{1}{W_{O_2,\mathrm{react}}} K_{\mathrm{sm,out}} \left(\dot{x}_2 - \frac{\dot{x}_4 R_{O_2} T_{\mathrm{st}}}{M_{O_2} V_{\mathrm{ca}}} - \frac{\dot{x}_5 R_{N_2} T_{\mathrm{st}}}{M_{N_2} V_{\mathrm{ca}}} - P_{\mathrm{v,ca}} \right) \\
\dot{S}_1 &= \phi_1(t,x) + \gamma_1(t,x)\omega_{\mathrm{cp}} \\
\gamma_1 &= \frac{X_{O_2,\mathrm{in}}}{1+\Omega_{\mathrm{in}}} \cdot \frac{1}{W_{O_2,\mathrm{react}}} K_{\mathrm{sm,out}} \left(T_{\mathrm{atm}} - \frac{T_{\mathrm{atm}}}{\eta_{\mathrm{cp}}} \right) \\
\phi_1 &= \left[\frac{\partial S_1}{\partial x_1} \; \frac{\partial S_1}{\partial x_2} \; \frac{\partial S_1}{\partial x_3} \; \frac{\partial S_1}{\partial x_4} \; \frac{\partial S_1}{\partial x_5} \; \frac{\partial S_1}{\partial x_6} \right] \times [f(x,t) + g(x,t)\omega_{\mathrm{cp}}]
\end{aligned}
\tag{7-31}
$$

由式 (7-31) 可知，空压机的转速 ω_{cp} 在滑动变量 $S = \lambda_{O_2}^* - \lambda_{O_2}$ 的一阶导数中出现，因此空压机转速与过氧比的相对度为 1，而微分过程中控制变量 V_{cm} 未曾出现，由文献[91]得

$$\dot{S}_2 = \dot{\omega}_{cp} - \dot{\omega}_{cp}^* = \phi_2(t,x) + \gamma_2(t,x)V_{cm}$$

$$\gamma_2 = \frac{\pi}{30J_{cp}}\left(\eta_{cm}\frac{k_t}{J_{cp}R_{cm}}\right)$$

$$\phi_2 = \frac{\pi}{30J_{cp}}\left(-\eta_{cm}\frac{k_t}{J_{cp}R_{cm}}k_v x_1 - \Lambda(x_1, x_2)\right) \tag{7-32}$$

$$\Lambda(x_1, x_2) = A_0 + A_1 x_1 + A_{00} + A_{10}x_1 + A_{20}x_1^2 + A_{01}x_2 + A_{11}x_2 x_1 + A_{02}x_2^2$$

式中，A_i 为常数，取值如表 7-6 所示。

表 7-6　参数数值

参数	数值	参数	数值
A_0	4.1×10^{-4}N·m	A_1	3.92×10^{-6}N·m·s
A_{00}	0	A_{10}	0.0058N·m·s
A_{20}	-0.0013N·m·s	A_{01}	3.25×10^{-6}N·m/bar
A_{11}	-2.80×10^{-6}N·m·s/bar	A_{02}	-1.37×10^{-9}N·m·s/bar^2

同理，控制信号空压机电压 $u=V_{cm}$ 与转速 ω_{cp} 的相对度为 1。那么过氧比与空压机电压的相对阶数为 2。为了能够对过氧比进行有效控制，必须保证滑动变量的一阶、二阶导数为零。

假设滑动变量及其 $r-1$ 阶导数为连续函数：

$$S(r) = \left\{X \middle| \sigma(x,t) = \cdots = \sigma^{r-1}(x,t) = 0\right\} \tag{7-33}$$

称滑模面 S 为 "r 阶滑模集"。根据滑模阶数的定义，为减小抖振现象对系统净功率的影响，选用 3 阶拟连续高阶滑模控制算法。QCHOSM 算法根据负载的变化适当调整空压机电压 V_{cm}，以调节过氧比使 PEMFC 发电系统的氧气流量在合理范围内，且有效减弱了抖振现象，减小波动厚度，实现过氧比跟踪最优运行轨迹，提高系统净功率。其控制律形式如下：

$$u = -\alpha\frac{\ddot{S} + 2\left(\left|\dot{S}\right| + |S|^{2/3}\right)^{-1/2} \cdot \left(\dot{S} + |S|^{2/3}\operatorname{sgn}(S)\right)}{\left|\ddot{S}\right| + 2\left(\left|\dot{S}\right| + |S|^{2/3}\right)^{1/2}} \tag{7-34}$$

为了实现式(7-34)中的控制，滑动变量(S)需要输出一阶导数和二阶导数。这里用二阶通用滑模微分器在有限的时间内进行估计，齐次微分器如下所示：

$$\dot{z}_0 = -\lambda_0 \left|z_0 - \sigma_3\right|^{2/3}\operatorname{sgn}(z_0 - \sigma_3) + z_1$$

$$\dot{z}_1 = -\lambda_1 \left|z_1 - \dot{z}_0\right|^{1/2}\operatorname{sgn}(z_1 - \dot{z}_0) + z_2 \tag{7-35}$$

$$\dot{z}_2 = -\lambda_2 \operatorname{sgn}(z_2 - \dot{z}_1)$$

其中，变量的输出误差及其微分常数 λ 的选择应该足够大。滑模控制和微分器的所有参数都是保证系统能够在有限时间收敛，并根据式(7-34)和式(7-35)提出的系统动态调整为 $\lambda_0=17$，$\lambda_1=25$，$\lambda_2=32$，$\alpha=480$。

燃料电池发电系统净功率优化的控制结构如图 7-9 所示。

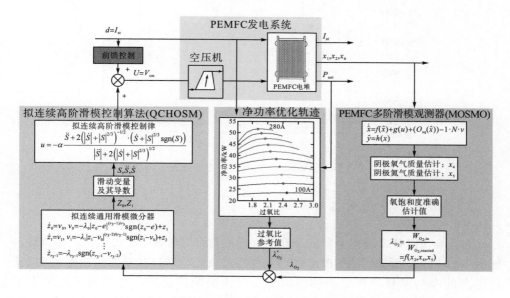

图 7-9　燃料电池发电系统净功率优化控制结构

7.2.3　半实物实验对比分析

1. 抗扰性能测试

在实验中负载电流的变化按照图 7-4 阶跃进行，在 0～12s 内，考虑系统在理想状态下运行，无任何扰动，而 12s 之后引入了测量噪声模拟实际系统中的测量干扰。由图 7-10 可以看出，前 12s 内运用了 HMSMO 的 NPOCM 方法和一阶滑模观测器(FOSMO)的净功率优化方法都可以跟踪 PEMFC 发电系统的最优功率运行轨迹，并在负载变化的情况下跟随系统最优净功率。但在 12s 加入扰动后，基于 HMSMO 的系统净功率波动较小，能够稳定系统输出净功率，这是因为 HMSMO 方法相对于 FOSMO 方法使用与系统状态相对度一致的滑模控制算法减小了估计误差，运用多阶滑模控制算法使每个状态量都能以较小的抖振跟随系统负载的变化，能够减小扰动对系统带来的变化，有利于延长系统使用寿命。

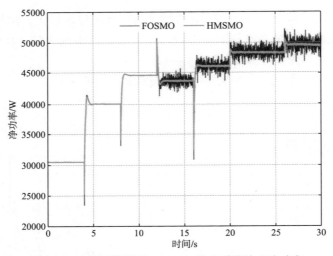

图 7-10　不同观测器的 PEMFC 发电系统输出净功率

2. 系统净功率提升性能测试

为提高 PEMFC 发电系统的净功率，需要对不同负载下的过氧比进行调整。如图 7-11 所示，所提出的 NPOCM 方法跟踪过氧比与 PID 控制方法相比，可以获得更高的净功率且具有更小的超调量、更快的响应速度，超调量平均减小了 0.78%，调节时间平均缩短 0.186s。因为 NPOCM 方法采用的是净功率优化结构，过氧比根据不同负载下系统的需求做出改变，而 PID 控制方法未采用净功率优化结构，只是将过氧比调整为固定的值。因此，从图 7-11 也可以看出在不同的负载

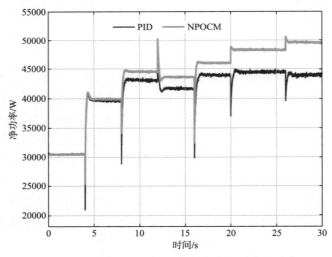

图 7-11　不同控制方法的 PEMFC 发电系统净功率

电流下 NPOCM 方法都能较快地跟踪较优功率且净功率均高于 PID 控制方法：净功率最大提高了 12.31%，平均提高了 4.83%，实验证明了 NPOCM 方法能够有效地提高 PEMFC 发电系统的净功率。

　　表 7-7 为不同控制方法的净功率比较。由图 7-12 可以看出系统的净功率在 NPOCM 方法下最大波动范围小于 400W、平均波动为 216W，而在 PID 控制法下系统净功率的最大波动范围大于 800W、平均波动为 728W，而且 NPOCM 方法功率的波动仅为 PID 的 30%。因此，由实验结果可知 NPOCM 方法能够提高 PEMFC 发电系统的净功率，减小净功率的波动宽度，实现系统净功率的优化。

表 7-7　不同控制方法的净功率比较

负载电流/A	PID	PID 波动宽度/W	NPOCM	NPOCM 波动宽度/W	功率增长量/%
100	30500	460	30600	132	0.32
160	39670	614	40180	167	1.28
200	43220	817	44710	220	3.48
180	42080	781	43830	186	4.15
220	44340	792	46260	196	4.33
250	44890	812	48130	302	7.22
280	44210	823	49890	314	12.85

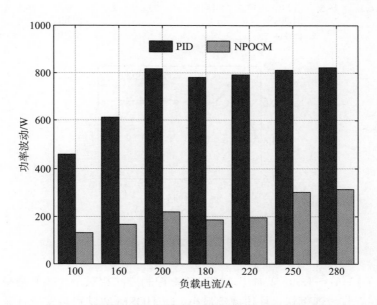

图 7-12　不同控制方法的 PEMFC 发电系统净功率波动

为验证系统相对度与所用滑模控制算法匹配的性能，使用不同阶的滑模控制器对过氧比动态响应进行测试。将 QCHOSM 方法与超螺旋滑模（STW）控制相对比，实验结果如图 7-13 所示。

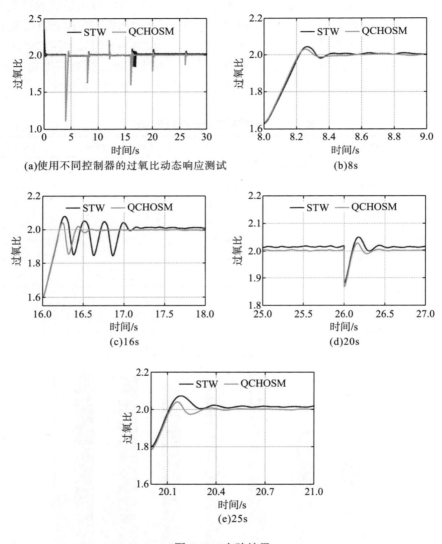

图 7-13   实验结果

由图 7-13（a）～（e）可以看出，NPOCM 控制方法相对于超螺旋滑模控制方法响应时间快，收敛速度快，且超调量最小。QCHOSM 算法可以实现任意阶系统的控制，是一种具有强鲁棒性能和快速收敛性能的控制器。该控制方法减少了在电流的瞬时阶跃变化过程中调节过氧比的上升时间和稳定时间。由图 7-13（d）可以看出，利用超螺旋滑模控制的过氧比还存在较大的抖振，采用较高阶与系统调节目标相对度相一致的滑模控制算法 NPOCM，可以有效削弱抖振现象，输出性能较好的过氧比。

由表 7-8 可以看出，利用拟连续高阶滑模控制方法调节过氧比的超调量最小，相对于超螺旋滑模控制超调量平均减小了 2.51%，且平均抖振厚度也相对减小了 0.0136。上述实验表明，利用拟连续高阶滑模控制算法的净功率优化控制方法，使非连续的控制信号出现在控制目标上，而非连续的控制量在最终控制量的二阶导数中出现，控制量更具有平滑性，振幅明显减小，抖振厚度也减小，能够在较短时间内收敛，其过氧比动态性能更好，为实现燃料电池系统净功率优化奠定了基础。

表 7-8　不同阶滑模控制方法的动态响应

负载电流/A	控制方法	超调量/%	抖振边界	抖振厚度
100	STW	16.9	2.002~2.013	0.011
	NPOCM	1	1.996~2.002	0.006
160	STW	2.48	1.988~1.996	0.008
	NPOCM	2.5	1.994~2	0.006
200	STW	1.9	1.998~2.01	0.012
	NPOCM	1.5	1.995~2.003	0.008
180	STW	2.35	1.992~2.002	0.010
	NPOCM	2.55	1.996~2.002	0.006
220	STW	3.23	2.006~2.017	0.011
	NPOCM	1.75	1.996~2.002	0.006
250	STW	2.98	2.01~2.018	0.008
	NPOCM	2	1.997~2.002	0.005
280	STW	1.99	2.009~2.014	0.005
	NPOCM	1.25	1.996~2.001	0.005
平均比较	NPOCM	2.51	—	0.0136

7.3　本 章 小 结

针对燃料电池发电系统非线性、时滞性等特点，本章提出了一种基于混合多阶滑模观测器的过氧比估计方法，采用混合多阶滑模控制算法对注入误差进行调节，实现不可测状态有限时间收敛。在基于 RT-LAB 的半实物仿真平台上，考虑测量噪声扰动，研究了混合多阶滑模观测器的收敛性能和鲁棒性能。对比一阶滑模观测器的强烈抖振和较大误差，提出的过氧比估计方法在噪声环境下对系统扰动不敏感并且有较强的鲁棒性，能够准确估计目标——过氧比。

　　在提出的观测器基础上设计了实现燃料电池发电系统净功率优化控制的方法，并在所构建的 RT-LAB HIL 半实物平台上进行了实验验证。由于过氧比相对于空压机控制电压的相对度为 2，研究了拟连续高阶滑模控制算法对过氧比的控制。RT-LAB 平台对比实验表明，本章提出的净功率优化控制方法能够加快过氧比的动态响应，使燃料电池发电系统输出的净功率超调量较小，而且具备削弱抖振现象的能力，能够有效抑制净功率的波动，使系统输出性能稳定，与传统 PID控制方法相比，本章提出的方法更有利于延长 PEMFC 发电系统的使用寿命。因此，本章提出的控制方法有助于发电系统获得更好的性能。

参 考 文 献

[1] 杨经纬, 张宁, 王毅, 等. 面向可再生能源消纳的多能源系统: 述评与展望[J]. 电力系统自动化, 2018, 42(4): 11-24.

[2] 陈维荣, 钱清泉, 李奇. 燃料电池混合动力列车的研究现状与发展趋势[J]. 西南交通大学学报, 2009, 44(1): 1-6.

[3] Li Q, Chen W R, Liu Z X, et al. Development of energy management system based on a power sharing strategy for a fuel cell-battery-supercapacitor hybrid tramway[J]. Journal of Power Sources, 2015, 279: 267-280.

[4] Schiebahn S, Grube T, Robinius M, et al. Power to gas: Technological overview, systems analysis and economic assessment for a case study in Germany[J]. International Journal of Hydrogen Energy, 2015, 40(12): 4285-4294.

[5] 黄浩, 张沛. 美国新能源发展概况[J]. 电网技术, 2011, 35(7): 48-53.

[6] 陈启梅, 翁一武, 翁史烈, 等. 燃料电池-燃气轮机混合发电系统性能研究[J]. 中国电机工程学报, 2006, 26(4): 31-35.

[7] 衣宝廉. 燃料电池: 原理•技术•应用[M]. 北京: 化学工业出版社, 2003.

[8] 王昭懿. 车用质子交换膜燃料电池空气供给系统建模及控制策略研究[D]. 长春: 吉林大学, 2022.

[9] 吴善略, 张丽娟. 世界主要国家氢能发展规划综述[J]. 科技中国, 2019(7): 91-97.

[10] 徐腊梅, 肖金生. 质子交换膜燃料电池动态特性的建模与仿真[J]. 武汉理工大学学报(信息与管理工程版), 2007, 29(3): 10-13.

[11] 李清, 王庆余. 氢能和燃料电池技术结合城市燃气的应用[J]. 中国资源综合利用, 2019, 37(2): 193-196.

[12] You Z Y, Xu T, Liu Z X, et al. Study on air-cooled self-humidifying PEMFC control method based on segmented predict negative feedback control[J]. Electrochimica Acta, 2014, 132: 389-396.

[13] 张诚, 檀志恒, 晁怀颇. "双碳"背景下数据中心氢能应用的可行性研究[J]. 太阳能学报, 2022, 43(6): 327-334.

[14] Han J, Yu S, Yi S. Adaptive control for robust air flow management in an automotive fuel cell system[J]. Applied Energy, 2017, 190(15): 73-83.

[15] Arce A, del Real A J, Bordons C, et al. Real-time implementation of a constrained MPC for efficient airflow control in a PEM fuel cell[J]. IEEE Transactions on Industrial Electronics, 2010, 57(6): 1892-1905.

[16] 肖宇. 氢储能: 支撑起智能电网和可再生能源发电规模化[J]. 中国战略新兴产业, 2016(1): 46-49.

[17] 袁诚坤. 国内外氢燃料电池汽车市场发展[J]. 汽车与配件, 2019(6): 26-28.

[18] 任俊锰. 长三角抢占"氢"机遇[N]. 解放日报. 2022-03-30(9).

[19] 张强, 姜明慧, 郝旭辉, 等. 欧盟实现碳中和的氢燃料电池技术经济分析[J]. 汽车文摘, 2022(3): 19-28.

[20] Zhou D M, Gao F, Breaz E, et al. Dynamic phenomena coupling analysis and modeling of proton exchange membrane fuel cells[J]. IEEE Transactions on Energy Conversion, 2016, 31(4): 1399-1412.

[21] Pukrushpan J T, Stefanopoulou A G, Peng H E. Control of fuel cell breathing[J]. IEEE Control Systems Magazine, 2004, 24(2): 30-46.

[22] Kelouwani S, Adegnon K, Agbossou K, et al. Online system identification and adaptive control for PEM fuel cell maximum efficiency tracking[J]. IEEE Transactions on Energy Conversion, 2012, 27(3): 580-592.

[23] Pukrushpan J T, Peng H, Stefanopoulou A G. Control-oriented modeling and analysis for automotive fuel cell systems[J]. Journal of Dynamic Systems, Measurement, and Control, 2004, 126(1): 14-25.

[24] Methekar R N, Boovaragavan V, Arabandi M, et al. Optimal spatial distribution of microstructure in porous electrodes for Li-ion batteries[C]. American Control Conference, 2010: 1-6.

[25] 王斌锐, 金英连, 褚磊民, 等. 空冷燃料电池最佳温度及模糊增量 PID 控制[J]. 中国电机工程学报, 2009, 29(8): 109-114.

[26] 佟丽珠, 李文娜. 国内氢能源产业发展的观察与思考[J]. 汽车与驾驶维修(维修版), 2019(3): 72-73.

[27] 丁振森, 王佳, 姚占辉, 等. 多视角下中国氢能与燃料电池电动汽车发展研究[J]. 中国汽车, 2020, 30(9): 32-37.

[28] 张剑光. 氢能产业发展展望: 氢燃料电池系统与氢燃料电池汽车和发电[J]. 化工设计, 2020, 30(1): 3-6, 12, 1.

[29] 王菊. 全球氢能与燃料电池发展应用的现状与趋势[J]. 新能源经贸观察, 2018(4): 40-41.

[30] 刘福建, 周莎. 我国氢能产业发展现状及趋势[J]. 科技创新与应用, 2019(25): 37-38, 41.

[31] Kim T, Kim S, Kim W, et al. Development of the novel control algorithm for the small proton exchange membrane fuel cell stack without external humidification[J]. Journal of Power Source, 2010, 195(10): 6008-6015.

[32] Talj R J, Hissel D, Ortega R, et al. Experimental validation of a PEM fuel-cell reduced-order model and a moto-compressor higher order sliding-mode control[J]. IEEE Transactions on Industrial Electronics, 2010, 57(6): 1906-1913.

[33] Han Y, Li Q, Wang T H, et al. Multisource coordination energy management strategy based on SOC consensus for a PEMFC-battery-supercapacitor hybrid tramway[J]. IEEE Transactions on Vehicular Technology, 2018, 67(1): 296-305.

[34] 董超, 李鸿鹏, 胡艳珍. 质子交换膜燃料电池输出电压性能优化的研究[J]. 计算机仿真, 2017, 34(9): 94-98.

[35] Tu W B, Zhang L X, Zhou Z R, et al. The development of renewable energy in resource-rich region: A case in China[J]. Renewable and Sustainable Energy Reviews, 2011, 15(1): 856-860.

[36] Ahmad S, Kadir M Z A A, Shafie S. Current perspective of the renewable energy development in Malaysia[J]. Renewable and Sustainable Energy Reviews, 2011, 15(2): 897-904.

[37] 国家能源局. 国家能源局关于 2015 年度全国可再生能源电力发展监测评价的通报[J]. 太阳能, 2016(9): 78.

[38] 黄素逸, 王晓墨. 能源与节能技术[M]. 2 版. 北京: 中国电力出版社, 2008.

[39] Baschuk J J, Li X G. Modelling of polymer electrolyte membrane fuel cells with variable degrees of water flooding[J]. Journal of Power Sources, 2000, 86(1-2): 181-196.

[40] Hu Z Y, Xu L F, Li J Q, et al. A cell interaction phenomenon in a multi-cell stack under one cell suffering fuel starvation[J]. Energy Conversion & Management, 2018, 174(10): 465-474.

[41] Berning T, Djilali N. Three-dimensional computational analysis of transport phenomena in a PEM fuel cell—A parametric study[J]. Journal of Power Sources, 2003, 124(2): 440-452.

[42] 王文东, 陈实, 吴锋. 温度、压力和湿度对质子交换膜燃料电池性能的影响[J]. 能源研究与信息, 2003, 19(1): 39-46.

[43] Li Q, Chen W R, Liu S K, et al. Temperature optimization and control of optimal performance for a 300W open cathode proton exchange membrane fuel cell[J]. Procedia Engineering, 2012, 29: 179-183.

[44] 卫东, 郑东, 郑恩辉. 空冷型质子交换膜燃料电池堆温湿度特性自适应模糊建模与输出控制[J]. 中国电机工程学报, 2010, 30(23): 114-120.

[45] 卫东, 郑东, 褚磊民. 空冷型质子交换膜燃料电池堆最优性能输出控制[J]. 化工学报, 2010, 61(5): 1293-1300.

[46] 谢晋, 黄允千. 温度、湿度对质子交换膜燃料电池性能的影响[J]. 上海海事大学学报, 2005, 26(3): 60-63.

[47] 胡里清, 李拯, 夏建伟, 等. 燃料电池运行压力对整车燃料效率的影响[J]. 电源技术, 2004, 28(5): 288-290.

[48] 尹良震, 李奇, 洪志湖, 等. PEMFC 发电系统 FFRLS 在线辨识和实时最优温度广义预测控制方法[J]. 中国电机工程学报, 2017, 37(11): 3223-3235, 3378.

[49] 杨旭, 刘美峰. PEMFC 系统输出电压的双模控制的研究[J]. 自动化应用, 2020(9): 4-6.

[50] 张庚, 刘国金. 质子交换膜燃料电池输出电压稳定控制技术[J]. 电源学报, 2022, 20(1): 134-140.

[51] 刘璐, 李奇, 尹良震, 等. 基于 PFDL 的阴极开放式 PEMFC 系统无模型自适应预测控制[J]. 中国电机工程学报, 2019, 39(16): 4827-4837, 4984.

[52] Zhong Z D, Huo H B, Zhu X J, et al. Adaptive maximum power point tracking control of fuel cell power plants[J]. Journal of Power Sources, 2008, 176(1): 259-269.

[53] 刘璐. 基于在线辨识模型的 PEMFC 系统输出性能优化控制方法[D]. 成都: 西南交通大学, 2019.

[54] 马冰心, 王永富. PEMFC 系统过氧比的自适应高阶滑模控制[J]. 控制理论与应用, 2020, 37(2): 253-264.

[55] 刘志祥, 李伦, 韩喆, 等. 大功率 PEMFC 空气系统电流跟随分段 PID 控制方法研究[J]. 西南交通大学学报, 2016, 51(3): 437-445.

[56] 张天贺, 全书海, 张立炎, 等. 车用 PEMFC 空气供给系统建模与模糊 PID 控制研究[J]. 系统仿真技术, 2007, 3(4): 211-216.

[57] Somaiah B, Agarwal V. Distributed maximum power extraction from fuel cell stack arrays using dedicated power converters in series and parallel configuration[J]. IEEE Transactions on Energy Conversion, 2016, 31(4): 1442-1451.

[58] Yin L Z, Li Q, Wang T H, et al. Real-time thermal management of open-cathode PEMFC system based on maximum efficiency control strategy[J]. Asian Journal of Control, 2019, 21(4): 1796-1810.

[59] Wang T H, Li Q, Qiu Y B, et al. Efficiency extreme point tracking strategy based on FFRLS online identification for PEMFC system[J]. IEEE Transactions on Energy Conversion, 2019, 34(2): 952-963.

[60] Pukrushpan J T, Stefanopoulou A G, Peng H. Control of Fuel Cell Power Systems: Principles, Modeling, Analysis, and Feedback Design[M]. London: Springer, 2004.

[61] Costamagna P, Srinivasan S. Quantum jumps in the PEMFC science and technology from the 1960s to the year 2000. part i. Fundamental scientific aspects[J]. Journal of Power Sources, 2001, 102(1-2): 242-252.

[62] 曾洪瑜, 史翊翔, 蔡宁生. 燃料电池分布式供能技术发展现状与展望[J]. 发电技术, 2018, 39（2）: 165-170.

[63] Takagi Y, Takakuwa Y. Effect of shutoff sequence of hydrogen and air on performance degradation in PEFC[J]. ECS Transactions, 2006, 3（1）: 855-860.

[64] Kim H J, Lim S J, Lee J W, et al. Development of shut-down process for a proton exchange membrane fuel cell[J]. Journal of Power Sources, 2008, 180（2）: 814-820.

[65] 席爱民. 模糊控制技术[M]. 西安: 西安电子科技大学出版社, 2008.

[66] Yager R R, Filev D P. SLIDE: A simple adaptive defuzzification method[J]. IEEE Transactions on Fuzzy Systems, 1993, 1（1）: 69.

[67] 邓惠文, 李奇, 崔幼龙, 等. 基于多边界层的 RNO 质子交换膜燃料电池发电系统状态估计研究[J]. 中国电机工程学报, 2019, 39（5）: 1532-1543.

[68] Hong L, Chen J, Liu Z Y, et al. A nonlinear control strategy for fuel delivery in PEM fuel cells considering nitrogen permeation[J]. International Journal of Hydrogen Energy, 2017, 42（2）: 1565-1576.

[69] Ou K, Yuan W W, Choi M, et al. Performance increase for an open-cathode PEM fuel cell with humidity and temperature control[J]. International Journal of Hydrogen Energy, 2017, 42（50）: 29852-29862.

[70] Bar-On I, Kirchain R, Roth R. Technical cost analysis for PEM fuel cells[J]. Journal of Power Sources, 2002, 109（1）: 71-75.

[71] 陈燕庆. 工程智能控制[M]. 西安: 西北工业大学出版社, 1991.

[72] 童钧耕, 王平阳, 苏永康. 热工基础[M]. 2 版. 上海: 上海交通大学出版社, 2001.

[73] 洪凌. 车用燃料电池发电系统氢气回路控制[D]. 杭州: 浙江大学, 2017.

[74] 邓惠文, 李奇, 陈维荣. 适用于 PEMFC 系统过氧化估计的 HOSM 观测器研究[J]. 中国电机工程学报, 2017, 37（17）: 5058-5068, 5225.

[75] 王川川, 赵锦成, 齐晓慧. 模糊控制器设计中量化因子、比例因子的选择[J]. 四川兵工学报, 2009, 30（1）: 61-63.

[76] 归柯庭, 汪军, 王秋颖. 工程流体力学[M]. 北京: 科学出版社, 2003.

[77] 蒋维钧, 余立新. 化工原理: 流体流动与传热[M]. 北京: 清华大学出版社, 2005.

[78] Liu Y, Meliopoulos A P, Sun L, et al. Protection and control of microgrids using dynamic state estimation[J]. Protection and Control of Modern Power Systems, 2018, 3（1）: 31.

[79] Mirrashid N, Rakhtala S M, Ghanbari M. Robust control design for air breathing proton exchange membrane fuel cell system via variable gain second-order sliding mode[J]. Energy Science & Engineering, 2018, 6（3）: 126-143.

[80] Laghrouche S, Harmouche M, Ahmed F S, et al. Control of PEMFC air-feed system using Lyapunov-based robust and adaptive higher order sliding mode control[J]. IEEE Transactions on Control Systems Technology, 2015, 23（4）: 1594-1601.

[81] Yin L, Li Q, Chen W, et al. Experimental analysis of optimal performance for a 5kW PEMFC system[J]. International Journal of Hydrogen Energy, 2019, 44（11）: 5499-5506.

[82] Hasikos J, Sarimveis H, Zervas P L, et al. Operational optimization and real-time control of fuel-cell systems[J]. Journal of Power Sources, 2009, 193（1）: 258-268.

[83] Aliasghary M. Control of PEM fuel cell systems using interval type-2 fuzzy PID approach[J]. Fuel Cells, 2018, 18(4): 449-456.

[84] Kimball E, Whitaker T, Kevrekidis Y G, et al. Drops, slugs, and flooding in polymer electrolyte membrane fuel cells[J]. AIChE Journal, 2008, 54(5): 1313-1332.

[85] Nam J H, Kaviany M. Effective diffusivity and water-saturation distribution in single- and two-layer PEMFC diffusion medium[J]. International Journal of Heat and Mass Transfer, 2003, 46(24): 4595-4611.

[86] Chalanga A, Kamal S, Fridman L M, et al. Implementation of Super-twisting control: super-twisting and higher order sliding-mode observer-based approaches[J]. IEEE Transactions on Industrial Electronics, 2016, 63(6): 3677-3685.

[87] Yan Y, Li Q, Chen W R, et al. Optimal energy management and control in multimode equivalent energy consumption of fuel cell/supercapacitor of hybrid electric tram[J]. IEEE Transactions on Industrial Electronics, 2019, 66(8): 6065-6076.

[88] Baumgartner W R, Parz P, Fraser S D, et al. Polarization study of a PEMFC with four reference electrodes at hydrogen starvation conditions[J]. Journal of Power Sources, 2008, 182(2): 413-421.

[89] 李鹏. 传统和高阶滑模控制研究及其应用[D]. 长沙: 国防科学技术大学, 2011.

[90] Ma R, Yang T, Breaz E, et al. Data-driven proton exchange membrane fuel cell degradation predication through deep learning method[J]. Applied Energy, 2018, 231: 102-115.

[91] Li Z L, Cadet C, Outbib R. Diagnosis for PEMFC based on magnetic measurements and data-driven approach[J]. IEEE Transactions on Energy Conversion, 2019, 34(2): 964-972.

[92] Naik M V, Samuel P. Design and analysis of ripple current reduction in fuel cell generating systems[C]. International Conference on Power and Advanced Control Engineering, 2015: 300-303.

[93] Chen J, Liu Z Y, Wang F, et al. Optimal oxygen excess ratio control for PEM fuel cells[J]. IEEE Transactions on Control Systems Technology: A Publication of the IEEE Control Systems Society, 2018, 26(5): 1711-1721.

[94] 戴朝华, 史青, 陈维荣, 等. 质子交换膜燃料电池单体电压均衡性研究综述[J]. 中国电机工程学报, 2016, 36(5): 1289-1302.

[95] 王洪建, 程健, 张瑞云, 等. 质子交换膜燃料电池应用现状及分析[J]. 热力发电, 2016, 45(3): 1-7, 19.